"偷懒"的人类
写给孩子的发明史

嘴里的盛宴

董淑亮 著

长江出版传媒 长江少年儿童出版社

图书在版编目（CIP）数据

嘴里的盛宴 / 董淑亮著 . — 武汉：长江少年儿童出版社, 2024.6
（"偷懒"的人类·写给孩子的发明史）
ISBN 978-7-5721-2442-6

Ⅰ . ①嘴… Ⅱ . ①董… Ⅲ . ①创造发明 – 技术史 – 世界 – 少儿读物 Ⅳ . ① N091-49

中国国家版本馆 CIP 数据核字（2024）第 024812 号

"偷懒"的人类·写给孩子的发明史 | 嘴里的盛宴
TOULAN DE RENLEI XIE GEI HAIZI DE FAMING SHI | ZUI LI DE SHENGYAN

出 品 人：何 龙	封面绘图：夏 曼　吴秋菊
策　划：姚 磊　胡同印	内文绘图：夏 曼　何 苹　胡运海
执行策划：辜 曦	责任校对：邓晓素
责任编辑：熊利辉	督　　印：邱 刚　雷 恒
美术编辑：徐 晟　王 贝　董 曼	

出版发行：长江少年儿童出版社
地　　址：湖北省武汉市洪山区雄楚大道 268 号出版文化城 C 座 12、13 楼
邮政编码：430070
网　　址：http : //www.cjcpg.com
业务电话：027—87679199
承 印 厂：武汉精一佳印刷有限公司
经　　销：新华书店湖北发行所
开　　本：720 毫米 ×1000 毫米　1/16
印　　张：8.5
字　　数：110 千字
版　　次：2024 年 6 月第 1 版
印　　次：2024 年 6 月第 1 次印刷
书　　号：ISBN 978-7-5721-2442-6
定　　价：35.00 元

本书如有印装质量问题，可向承印厂调换。

发明创造，是为了让生活更美好

许多发明的诞生，都是为了让生活更美好。发明创造的历史，本身就是科学史的一部分。这些发明创造，是推动人类文明进程的关键。阅读发明创造故事，领略科学家发明创造的智慧，是一次有趣的科学之旅。星星点点的智慧火花，将更好地照亮孩子学科学、爱科学、用科学的人生前程。

在人类漫长的进化史上，聪明的人类总是通过发明创造，让生活变得越来越舒适和安全，当然，我们也可以说发明的出发点可能是为了"偷懒"。至关重要的是，人类在认识事物、探索未知世界的过程中，能勇于实践，大胆想象，在锲而不舍的努力中，一步一步地走向成功。

为了让眼睛看得更清楚，人类发明了眼镜、显微镜、望远镜、照相机、夜视仪……这些发明不是一蹴而就的，而是由一代又一代人不断地改进，经过漫长的努力与辛勤的劳动，才会不断孵化出来，从而使我们的眼睛看得更清、更远，生活变得更好。

为了让嘴巴获得更香、更甜美、更丰富的食物，人类做了许多努力。从主食到副食，包括果腹的美餐、可口的饮料，还有奇妙的食物储存、未来食品……一路走过来，处处皆学问。这里有许多绝密档案，翻开书就会获得这些知识。

为了让声音传得更远、更快，让声音更好听，让声音保存得更好，与耳朵有关的一系列发明创造诞生了：从最早的听诊器，到电报机、电话机、手机,以及录音机、收音机,还有各种各样的乐器,甚至集眼睛和耳朵的功能于一身的雷达……一句话,对人类的耳朵来说,声音永远充满了神奇的诱惑力,正是这种诱惑力催生了无数重要发明。

为了让手更有力、更准确、更灵活,让手从托、举、拉、推等"苦役"中解放出来,诞生了与手有关的一系列神奇发明:从人类最早对力的认识开始,有了笔、刀、针、枪,以及与火相关的能源,每一步都是小小的,可是聚沙成塔,"偷懒"的人类越走越远……一句话,人类靠双手彻底改变了世界。

为了让双脚走得更远、更快,登得更高,潜得更深,人类发明了鞋子,自行车、汽车、火车、轮船、潜艇、飞机、宇宙飞船……人类啊,依靠双脚勇闯世界,实现了"可上九天揽月,可下五洋捉鳖"的辉煌梦想。

人类总是不甘于眼前的生活,于是,有了这些改变世界的伟大发明创造。这是一套写给孩子的另类发明史。它打破学科壁垒,以妙趣横生的故事,以人类身体功能延伸的独特视角,呈现人类重大发明诞生的全景,为孩子展现人类文明长河中波澜壮阔的科技画卷,让孩子以广博的视野看世界,洞见科学家为造福人类不懈追求,能增加孩子们的想象力与创造力,拓展他们的思维方式,激发其对科学的求知欲和探索精神……

2023 年 4 月 23 日

目录

第一章 嘴巴 / 1

1. 嘴巴的"真相" /3
2. 认识一下"味道" /6
3. 牙齿的秘密 /8
4. 牙齿的"造假" /11

第二章 炊具 / 13

1. 关于炊具的"古老记忆" /15
2. 筷子：中华饮食文化的标志 /17
3. 不锈钢：从垃圾里拣来的宝贝 /19
4. 高压锅：野炊时的"礼物" /22
5. 微波炉：一块糖带来的灵感 /26

第三章 食物 / 29

1. 驯化动物：让吃肉不再是难题 /31
2. 杂交水稻：人类种植史的革命 /33
3. 面包：一次失误诞生的美食 /38
4. 方便面：饥饿催生的发明 /41
5. 用一只鸡改变世界 /46
6. 薯片：一次泄愤的收获 /51
7. 口香糖：由树胶发展而来 /55

第四章 饮品 / 59

1. 牛奶：饮食史上的革命 /61

2. 从苦茶到茶文化 /65

3. 咖啡：天然的"兴奋剂" /69

4. 可可：探险队员的"魔药" /73

5. 可口可乐：药店走出的"大明星" /77

6. 酒：水的外形，火的性格 /82

第五章 储存 / 87

1. 向大自然学来的干燥法 /89

2. 盐腌：古老的食物保存术 /92

3. 罐头：拿破仑悬赏征集的秘方 /95

4. 从实验室走出来的保温瓶 /101

5. 从天然"冰柜"到电冰箱 /104

第六章 "吃"背后的新科技 / 107

1. 化肥：给庄稼补充营养 /109

2. 杀虫剂：人类与害虫的"战争" /114

3. 人工降雨：让"呼风唤雨"变为现实 /118

4. 转基因：给嘴巴多一种选择 /123

5. 飞上太空的种子 /126

第一章 嘴巴

嘴巴的"真相"——
并不只是"吃货"

提起人类的嘴巴,你一定会想到它的说话、吃饭等功能,认为它与发明创造搭不上边儿。其实,关于嘴巴,有许多"真相"你未必说得清,譬如它为什么要呐喊?嘴巴里牙齿的秘密,你也不一定全知道……

"偷懒"的人类 嘴里的盛宴

在人体的器官中，嘴巴的作用或者说重要性，与手和脚相比，一点也不逊色，至少它们应该是同等地位。设想一下，要是没有嘴巴，人类和动物该怎么活呢？

首先是不能说话。你也许会说，那就打哑语呀，世界上不能说话的人有很多呢。其次是不能享受美食。你又会说，那就靠鼻饲，在鼻孔里插根管子，把营养的流质慢慢导入胃里。

没错，你讲的情况都曾出现。可是，试想一下，如果让你过没有嘴巴的生活，你愿意吗？好吧，你不用回答，我也知道答案，毕竟，对人类或动物来说，有了嘴巴是多么幸福呀！

1. 嘴巴的"真相"

几乎每个人都知道什么是"嘴巴",可是,真要为"嘴巴"下个定义,却未必容易哦。

嘴巴,在解剖学上称为"口腔"。我们来看下从解剖学的角度对嘴巴的解释:口腔为消化道的起始部,有采食、吸吮、咀嚼、尝味、吞咽和泌涎等机能。口腔前壁和侧壁为唇和颊,顶壁为硬腭。口腔底前部由被覆黏膜的下颌骨切齿部构成,中、后部为舌所占据。口腔前经口裂与外界相通,后与咽相接。上、下齿弓将口腔分为口腔前庭和固有口腔。齿依据形态、位置和功能可分为切齿、犬齿和颊齿。向口腔里分泌唾液的所有腺体称为唾液腺……

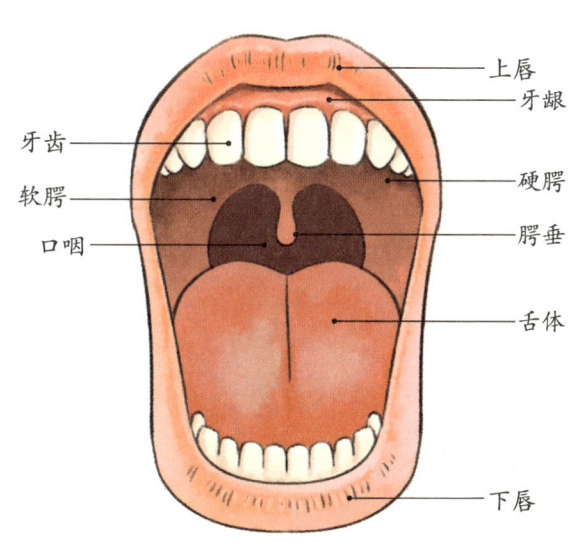

嘴巴结构示意图

这段文字告诉我们什么呢?一,介绍了嘴巴的功能:食物在这里得到咀嚼。二,介绍了嘴巴的结构:嘴巴包括唇、颊、硬腭、口腔底和舌、齿、唾液腺,还与咽相通——这里有帮助发声的声带。当然,我们知道嘴巴里两位名气很响的"大将"——帮助咀嚼食物的牙齿和帮助搅拌食物的舌头,也是嘴巴发声的"功臣"。

好啦，了解了嘴的功能及构成，希望你不要"小瞧"它。在漫长的岁月里，人类曾经为它绞尽脑汁地搞出了许许多多发明创造呢！

知识链接 鸟嘴的秘密

▶ 鸟的嘴巴叫"喙"，可以帮助鸟儿捕食、叼取、撕咬，以及从水中过滤食物。鸟儿有时也用它来攀登、争斗、筑巢和梳理羽毛。可见，鸟的喙同时具有部分"手"的功能。

▶ 每种鸟的觅食习惯都与它们喙的形状和大小有着直接关系。鸟喙的多样化使得它们适合吃不同的生物，这样不同的鸟就可以在同一个地域中生活。

▶ 野鸭家族中，秋沙鸭的喙比较特殊，细长且边缘是锯齿状的，像牙齿一样，能帮助秋沙鸭捕捉身体光滑的鱼。绿头鸭的喙边缘也有锯齿，却是用来撕开水草的。

▶ 鹦鹉的喙比较软，但它的底部能产生强大的压力。它们可以用喙打开种子和谷物，只吞掉其中"好吃的"部分。

▶ 松鸡的喙短小，方便插进泥土里，寻找虫子呀，稻谷呀，以及其他植物的种子。即使冬天来临，你也不用担心松鸡会饿死。

"呐喊出来"的发明

人类在进化的过程中，有很长一段时间都对神秘力量充满恐惧。原始人最害怕鬼怪，认为鬼怪会吃掉他们的孩子，让他们的牲口"着魔"。那该怎么办呢？他们认为鬼怪害怕很大的声响，只要拼命地呐喊、嘶吼，鬼怪就能被驱赶走。所以，在原始社会，呐喊是为了表达愤怒、驱散恐惧。

由于呐喊不但很累，也会伤害声带，于是"偷懒"的人类想到用敲空心木头来代替嘴巴呐喊。后来，人们又用敲鼓或钟来代替空心木头。敲鼓或钟，不仅能驱赶魔鬼，还能提醒人们早起。再后来，人们又用敲锣来报火警、用鸣汽笛来预报台风等。当然，在古代战场上，号角声、锣鼓声等更多被用来鼓舞战士们的斗志，激励他们奋勇杀敌。

嘿，这下明白了吧，鼓呀，钟呀，喇叭呀，这些发明创造都是由人类"呐喊"引出来的！

2. 认识一下"味道"

嘴巴里有一个重要器官——舌头,它能感受味道和辅助进食。此外,人类的舌头还是语言的重要器官。据说,人类全身上下最强韧有力的肌肉就是舌头。可以说,人类的许多发明创造不仅为了满足嘴巴的需要,也为了讨好舌头上的味蕾呢。

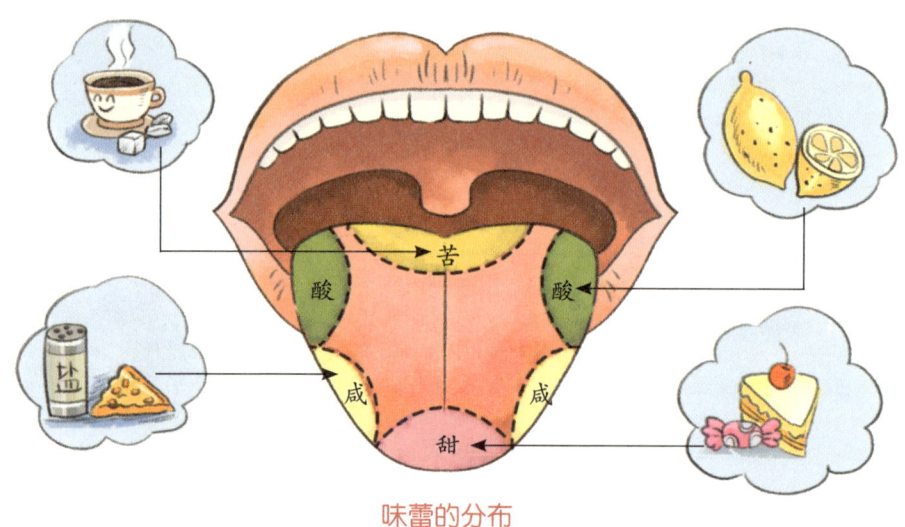

味蕾的分布

任何食物都有味道,而有味物质的刺激主要是靠舌头来感受的。这是因为舌头黏膜上分布着大量的味觉感受器——味蕾,当然,也有一些味蕾分布在口腔和咽部黏膜上。科学家把味觉分成酸、甜、苦、咸四种,其他复杂的味觉都是这四种的混合。

那么,这四种味觉在舌头上敏感的部位在哪儿?研究表明,舌尖对甜味最敏感,舌两侧的后半部分对酸味最敏感,舌根对苦味最敏感,而对咸最敏感的部位是舌两侧的前半部分。近代电生理研究还认为,四种味觉并没有专门的味觉细胞去感受,而是中枢神经把感觉综合起来,从而产生多种多样的复合感觉。人分辨苦味的本领最高,其次为酸味,再次为咸味,而分辨甜味的本领则最差。瞧,爱吃糖的、喜欢吃苦瓜的、对酸菜感兴趣的、偏好炒菜口味重的,都能从这里找到原因。

知识链接 味觉大不同

▶ 儿童的味蕾比成人的多,所以他们的味觉比成人灵敏得多。老年人的味蕾逐渐萎缩,所以味觉也逐渐退化。

▶ 人们都有这样的体会,吃温热的食物比吃冷的食物味道要好得多。这是因为味觉的敏感程度受食物本身温度的影响,温度在20℃至30℃之间,味觉的敏感度最高。

▶ 人的味觉有不同偏好,而且这种偏好不是固定的,它与机体对营养物摄取的调节也有一定关系,如体液中的钠元素显著减少时,人就喜欢食用咸味食物。

▶ 不同味道传递的生命活动信号不同,甜味是需要补充热量的信号,酸味是新陈代谢加速和食物变质的信号,咸味是帮助保持体液平衡的信号,苦味是保护人体不受有害物质危害的信号。

3. 牙齿的秘密

牙齿是人体中最坚硬的器官之一。人的一生中，要先后长两次牙，首次长出的叫乳牙，到两岁左右出齐，共20颗；到了六岁左右，乳牙逐渐脱落，长出恒牙，共28～32颗。据专家研究，人类以及其他高等脊椎动物的牙齿，都起源于原始鱼类的盾鳞。现存的鲨鱼可以证明这一点，因为鲨鱼的牙齿就是由盾鳞演化而来的。盾鳞和牙齿是同源器官，有相同的结构：同样有釉质和齿质，里面还有髓腔，而且髓腔内同样有神经和血管通入呢。瞧，这才是人类牙齿"老祖"的真实形象，而且至今变化不大。

大家都知道要爱惜牙齿，因为牙齿不能再生，一旦破损、脱落，唯一的办法就是安装假牙。一颗假牙，即使制作得再好，也不如原生的牙齿好用。

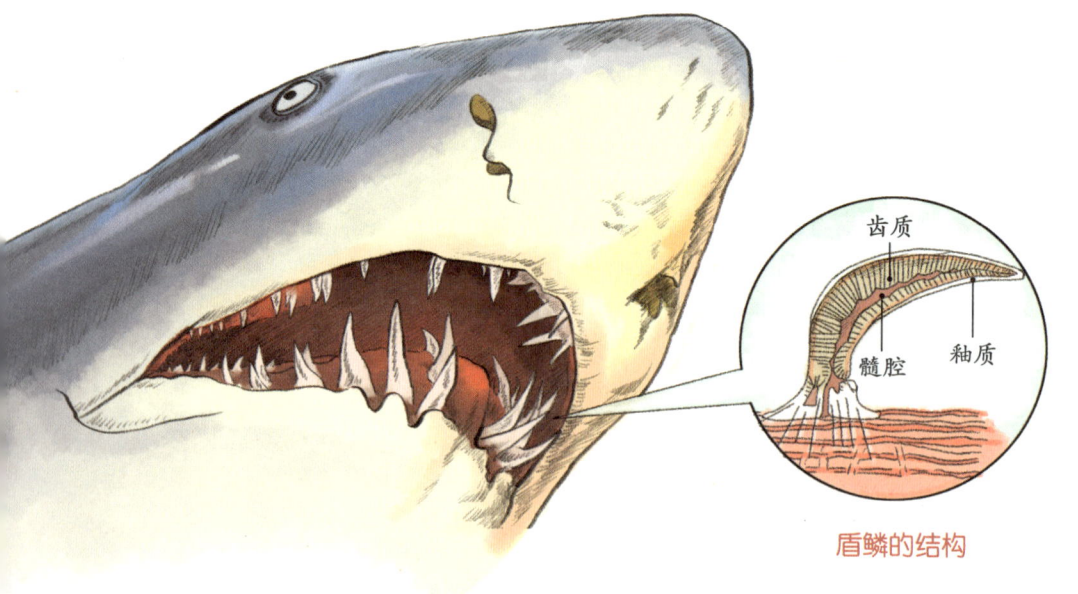

盾鳞的结构

要保护好牙齿，除了采用科学的刷牙方法，还要注意饮食健康，日常避免进食太多酸性和甜性的食物，如碳酸饮料、甜品等；多吃含钙丰富的食物，因为钙是牙齿的重要组成元素，充足的钙不仅对牙齿的生长有好处，还有利于增强牙齿的坚固度，减少蛀牙。另外，要避免不良的用牙习惯，比如用牙开啤酒瓶盖、咬核桃壳等，以防止对牙齿造成物理损伤。

知识链接 动物牙齿之最

▶ 牙齿生长速度最快的是老鼠，它的门牙会不断生长，每个月能长出3厘米。如果它的牙齿长时间不被磨损，最后会长到惊人的长度，到老年时就会长到70～100厘米长。

▶ 牙齿咬合力最大的动物是湾鳄，又叫食人鳄，是鳄鱼中体形最大的一种。一只湾鳄的咬合力可达4200磅，约等于1900千克。

▶ 世界上牙齿最多的动物是蜗牛。它的舌头上长着无数细小而整齐的角质牙齿，最多的有135排，每排105颗，总数可达1万颗以上。这些牙齿很小，肉眼无法看到，却十分锋利。

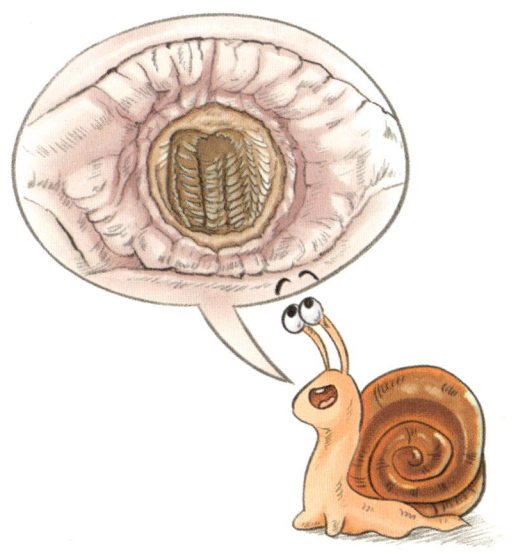

▶ 牙齿最长的动物是雄性非洲象。一般情况下，它的门齿可长达3.3米。有资料显示，最长的象牙竟然长3.5米。

拓展阅读

鸭嘴龙牙齿的启示

鸭嘴龙是恐龙家族中的一种，它的牙齿不仅结构非常特殊，一排排地重叠交错着生长在牙床上，而且数量出奇多，最多可达2000多颗。更有趣的是，它的牙齿是双层的，上层的牙齿不能使用了，下层的牙齿就会迅速长出来顶替上去，从而确保进食不受影响。鸭嘴龙在一生中至少要消耗掉上千颗牙齿。

人们受到鸭嘴龙牙齿结构的启示后，模仿鸭嘴龙牙齿的排列形状，设计制造了一种恐龙钻头。这种钻头有两层，内层的齿嵌在较软的材料上，当外层的齿磨坏了不能使用时，钻头继续旋转，就会将这层软材料磨掉，露出内层的齿，就可以继续钻探了。这种钻头节省了更换的时间，工作效率是一般钻头的1.5~2倍。

4. 牙齿的"造假"

牙齿与咀嚼食物、说话等密切相关，它对人类的重要性不言而喻。如果牙齿破损或脱落，不仅可能影响进食，还会影响面部形象。因此，假牙成了医学史上一项重要的发明，历史十分悠久。

大约3000年前，生活在意大利半岛西北部地区的伊特鲁里亚人发明了假牙。据发表于1909年的研究报告《牙医学史》介绍，伊特鲁里亚人以戴假牙为荣：安装在嘴巴里的金箍覆盖了相当一部分齿冠，他们在交流中会让闪亮的金牙暴露出来，展现一种有钱人才能享有的奢华。

假牙的发展主要体现在制作材料的更新上。大约在公元前700年，伊特鲁里亚人就用骨头或象牙雕刻假牙，并用黄金来做牙托。考古发

现，在一座公元 600 年的玛雅人古墓里发掘的一块颌骨上，竟然有 3 颗牙齿被贝壳片取代。中世纪以后，假牙成了装饰品，银和玛瑙都成了做假牙的材料。18 世纪初，一位法国牙医发明了用钢弹簧固定上下牙的方法。到了 18 世纪后期，巴黎牙医采用烧制的全瓷牙，对牙齿"造假"做出了重要贡献。19 世纪，美国人开始用硬橡胶制造假牙，后来又出现了赛璐珞（一种特制的塑料）制造的假牙，使"造假"水平有了新提升。可见，一部牙齿的"造假"史也是材料的革命史呢。

知识链接 假牙趣闻

▶ 牙科是古埃及医学中最早的专业门类。闻名遐迩的圣贤赫西·瑞是已知的最早的埃及籍医生，生活在公元前 3 世纪中期。他的墓志铭上刻画着一个表示"牙齿"的符号，说明他擅长的是牙科。

▶ 美国国父乔治·华盛顿因为牙病的折磨，曾经用象牙制作了一副假牙。可是一段时间后，假牙就会发出难闻的气味，华盛顿只好在睡觉时把它放在葡萄酒里浸泡，以消除这种气味。

第二章 炊具

炊具的进阶,
为嘴巴提供更优质的服务

千百年来,为追求吃得更好,炊事工具经历了一场场变革:从古老的鼎、釜到烧柴草的普通锅灶、烧煤的煤炉,再到煤气灶、电炉、高压锅、微波炉、太阳灶(利用太阳能作为能源)……

"偷懒"的人类 嘴里的盛宴

吃是动物的本能。人类也不例外，从诞生的那天起，就一直在为嘴巴奔波忙碌。

考古发掘证明，人类最初制造的工具——石器，不仅用来自卫，也用来获取食物。石器工具的出现，是人类文明进步的重要标志。随着人类社会的发展，炊具出现了，一开始是黏土烧制的陶鼎，后来又有了青铜铸造的铜鼎。随着现代科技的发展，炊具的制作材料不断变化，出现了铁、铝等；炊具的种类也变得繁多，有高压锅、微波炉、电饭煲等。一句话，为服务嘴巴的发明创造异彩纷呈，令人大开眼界。

1. 关于炊具的"古老记忆"

要是翻开人类历史这本大书，你就会惊讶地发现，人类为了吃，真是煞费苦心啊，光是我国古代人做饭的炊具就令人眼花缭乱。

我们不妨去博物馆看一看。在新石器时代，炊事工具有陶制的鼎、甑（zèng）、鬲（lì）、釜、罐和地灶、砖灶、石灶，还有粗制的钵、碗、盘、盆等食具。

到了夏商周时期，烹饪的器皿有了重大革新，更为精巧的青铜器皿登上了烹饪舞台。我国现已出土的商周时期的青铜器物有4000余件，其中大多为炊餐具。由于容易传热，青铜器炊具提高了烹饪工效和菜品质量，让食物的味道更鲜美，嘴巴吃得更痛快。

陶鬲

在春秋战国时期，我国出现了铁锅，主要用于煮、炖等烹饪方式。

到了汉代，一些经济发达地区流行使用一种锅釜——锅底带两耳，锅上可以放蒸笼，既可以蒸，又能够煮，让嘴巴

铜鼎

铁釜

吃得更方便了。而且这种釜不仅有陶制的,也有铜制的和铁制的。

当然,青铜器炊具不是每个人、每个家庭都能使用的,它更多时候是贵族饮食文化的一张靓丽名片。

后来,铁器、瓷器等不同材质的炊具走进大众的生活,为满足嘴巴的需求开始大显身手。

想一想 铁制炊具为什么比铜制的更受欢迎?

有人认为:

铁制炊具出现的年代比铜制的要晚得多,更时髦,因此更受欢迎。

还有人认为:

炼铜比炼铁难,铁器铸造比铜器成本要低,因此铁制炊具能够走进寻常百姓家。

小博士说

两种说法各有道理。战国以来,铁矿石的开采和冶炼技术逐步成熟,铁制工具应用到社会生活的各个方面。铁比铜便宜,耐烧,传热快,因此,铁制锅釜逐渐被推广开来,至今还深受人们的喜爱。

2. 筷子：中华饮食文化的标志

筷子延伸了手的功能，却服务于嘴巴，让"吃"更方便卫生。筷子是汉民族发明的进食工具，通常由竹、木、骨、瓷、金属、塑料等材料制作，通常一头方、一头圆，方的象征着地，圆的象征着天，意为天地合一。筷子具有挑、拨、夹、拌、扒等多项功能。它是中华饮食文化的标志之一，在朝鲜、日本、越南等国家也被广泛使用。

那么，筷子是谁发明的？关于这一点，目前缺乏史料记载。不过，关于筷子的发明，有几种版本的传说。第一种传说是，姜子牙受神鸟启示，发明了丝竹筷；第二种传说认为，妲己为讨纣王欢心而用玉簪作筷，由此发明了筷子；第三种说法是，大禹治水时，为节约时间，以树枝捞取热食而发明筷子。不管哪一种传说更可信，但有一点是可以肯定的：筷子是中国古人发明的。关于这方面的记载也俯拾皆是。

司马迁在《史记·宋微子世家》中记载，商代末朝的君主纣王（？—前1046年）已经开始使用精制的象牙筷子。可见我国在3000多年前就已经有了筷子。筷子在先秦时代被称为"梜（jiā）"，汉代时被称为"箸（zhù）"，明代开始被称为"筷"。

根据学者的研究，我们的祖先发明筷子与饮食的发展变化有关。中华民族很早就开始了农耕生活方式，主要耕种的作物是适应性强的

黍（也就是谷子），因此黍成了人们的主食。黍颗粒小，外皮粗糙且不易去除，煮熟食用口感粗糙。因此，我们的祖先在将黍粒捣碎煮粥食用时，往往还要掺杂一些野菜、树叶之类一起煮，以便改善口味，并节约粮食。这时候，聪明的古人顺手取来小木棍儿之类的东西，试着把野菜或树叶拨入口中，这就是筷子的最初形式。随着人们用"小木棍儿"的动作越来越熟练，这一用法越来越广，筷子就诞生了。

用什么样的筷子更好？

筷子样式繁多，有几类不建议使用。首先是不要使用涂彩漆的筷子，因为涂料中有致癌物质，会危害人的健康。塑料筷子受热后容易变形、熔化，也会产生对人体有害的物质。银筷子、不锈钢筷子不易滋生细菌，但手感重，而且导热快，容易烫伤嘴巴。建议使用天然材质的筷子，并经常用开水煮沸消毒，使筷子保持清洁、干燥。

3. 不锈钢：从垃圾里拣来的宝贝

在人类炊具发展史上，石制、陶制、铜制、铁制等炊具曾经"各领风骚"，仅从材质上讲，不锈钢的问世，给炊具带来了重大的革新。

不锈钢的发明有一定的偶然性，说来非常有趣。当时，正值第一次世界大战期间，应前线需要，英国政府决定研制耐磨、耐热的枪膛钢，并把这一任务交给了著名金属专家哈里·布里尔利。那时候，武器一般都是钢铁做成的，有一个非常致命的缺点，那就是容易生锈。为了炼出符合实战需要的枪膛用钢，布里尔利带领助手进行了多种配方的冶炼，试验了不同的配料比例，制成了各种各样的合金。可是，经过检验，这些合金都不能制造枪支，最后都被倒进了垃圾堆。这样，时间长了，垃圾堆里的这些废品，竟锈成了一团。

有一天,下了一场大雨。雨停后,布里尔利的一位助手准备将一些废弃物倒进垃圾堆。倾倒时,他发现垃圾堆里的那些金属团中,有一块反射着光泽、一点锈迹都没有的合金。

"为什么一大堆合金中,偏偏就这一块不生锈呢?"助手欣喜若狂地说,"先生,您看一看,说不定它有什么特殊的地方呢!"

"好!"布里尔利看着那块光亮耀眼的"垃圾",高兴地说。

经过反复试验,布里尔利发现,这是一种加入12%的铬炼出的合金钢。为了进一步证实自己的观点,他又把这块合金放在水里,甚至酸、碱溶液里进行观察,都没有发现丝毫被腐蚀的现象。于是,世界上第一种不锈钢在无意中诞生了——人们称它是"从垃圾里拣来的宝贝"。这一年是1912年。

后来,布里尔利灵机一动,把这些不能制造枪支的材料,改制成锅、刀、叉、勺、果盘等。这些产品在市场上大受欢迎。

1915年,布里尔利获得了美国的生产专利,被称为"不锈钢之父"。不锈钢被称为"20世纪影响人类生活的20项重大发明之一"。

知识链接 不锈钢冷知识

▶ 后来,人们又试着在合金钢中加进少量镍、钼、铜、锰等,增强了它的耐腐蚀性,不锈钢的品种也变得多起来。

▶ 不锈钢在食品加工、餐饮、酿造和化工等领域最受欢迎,用它制造的器皿可以使用化学清洗剂清洁,而且不易滋生细菌。

▶ 不锈钢材质色泽单一,容易反射光线,既不美观又易造成光污染。中国采用具有自主知识产权的着色技术,通过"冷轧—着色"短流程生产工艺,实现了不锈钢材料色泽美观与安全防腐性能的有效结合。

各种不锈钢制品

4. 高压锅：野炊时的"礼物"

为了更好地享受美食，人类发明了多种多样的锅具，其中高压锅的诞生，不仅解决了高海拔地区不易煮熟食物的难题，也提高了烹饪的速度，为嘴巴能够快点吃到食物节省了时间。

17世纪70年代的一天，法国物理学家丹尼斯·帕平外出旅行，来到一座高山上野炊。他兴致勃勃地找来一些干树枝，架起了篝火，煮起土豆来。遗憾的是，水虽然烧得滚开，可是锅里的土豆仍然是生的。水一连烧开了几次，土豆依然煮不熟。这是为什么呢？他冥思苦想仍不得其解，一连串的问题在脑海里翻腾着……

第二章 炊具

旅行结束后，帕平一头钻进实验室做起了实验，经过多次研究才找到土豆煮不熟的原因——水并不都是在100℃时沸腾，气压低了，水的沸点也随之降低。由于高山上的气压低，水沸腾的温度也跟着降

名人档案馆

姓名：丹尼斯·帕平（1647—1712）

国籍：法国

成就：物理学家、发明家。1681年，帕平公布了他的第一项重要发明——消化锅，也就是最初的高压锅。

经历：帕平发明的消化锅并没有引起大家的重视，有的人甚至怀疑它的作用。怎么办？于是，帕平请来英国皇家学会的会员，让他们参加一次神奇的"加压大餐"——宴会上的食物全部由消化锅制成。当时，他把排骨放在消化锅里煮，排骨竟然被煮得像肉冻一样。这群科学家不仅品尝了美味，还见证了消化锅的威力。帕平发明的消化锅从此被大家认可。

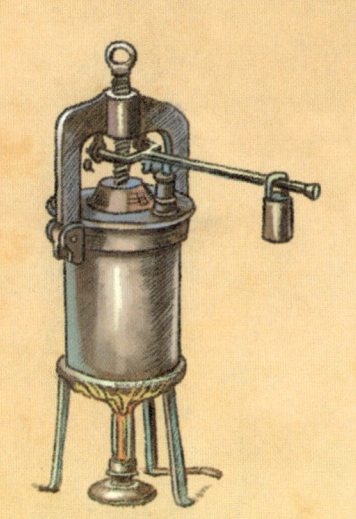

消化锅

23

低，当然煮不熟土豆。

帕平的实验结果表明：水的沸点与大气压有关。

"如果人工增加大气压，水的沸点不就能升高了吗？"

"可是，怎样才能增加气压呢？"

帕平陷入了深深的思考……

经过无数次失败，帕平终于找到了解决问题的办法：他做了一个有着盖得很紧很严的盖子的密闭金属容器，水烧开后，容器内的水蒸气挥发不了，气压就增高，从而提高了水的沸点。水超过100℃才慢慢沸腾，在高温高压之下，土豆被煮得烂熟。

经过对这个密闭容器的不断改进，1681年，帕平发表文章介绍制造出的"蒸煮器"，也就是世界上第一个高压锅——当时叫"消化锅"。

遗憾的是，帕平的消化锅的使用效果并不好，因为它缺少安全设施，弄不好就会爆炸。

直至1927年，法国工程师奥蒂埃对帕平的消化锅进行改进，研制出带有限压阀的可控高压锅，并申请了专利。但这时的高压锅还是存

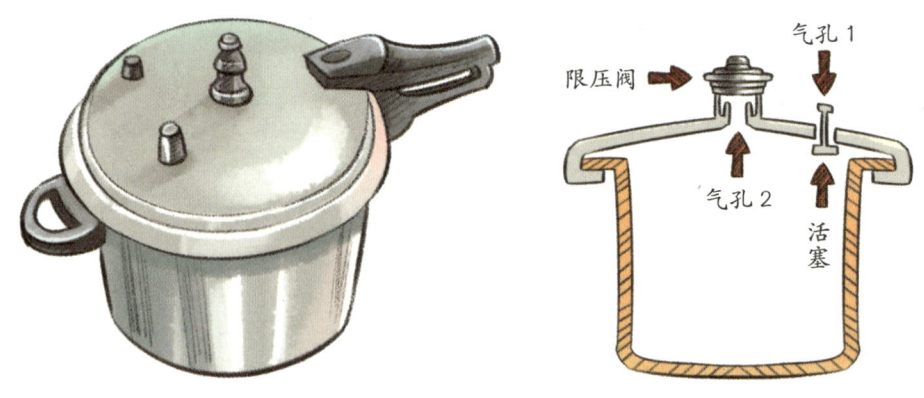

高压锅及其结构示意图

在一定的隐患：当限压阀被食物堵住时，锅就成了"炸弹"。

1953年，法国弗雷德里克·莱斯居尔三兄弟共同研制出SEB型超高压锅。这种高压锅能调节稳定、安全的气压，即使限压阀被堵住，也不会发生爆炸。

从此，高压锅终于走进寻常百姓家，成为厨房里的得力"干将"，不仅大大节约了人们烹煮的时间，还能保留食物的口感，让嘴巴过足了瘾。

知识链接 高压锅的妙用

▶ 在造纸工业中，高压锅能很快把木片煮成木浆。

▶ 在食品加工行业中，高压锅也得到广泛应用。

▶ 普通锅里的水沸腾后，如果继续加热，就会不断地吸收热量，从液态水变成水蒸气跑到空气中，使锅内的温度不容易再提高。而高压锅在加热时，锅内的密封圈不会让水蒸气跑掉，继续加热后，锅内压力增大，水温可以一直升到很高的温度。这样，将需要消毒的物品放在高压锅内蒸煮，就能有效地消毒杀菌。

5. 微波炉：一块糖带来的灵感

快节奏的现代生活中，人们常常用微波炉来烹饪食物，因为它不仅将人们从油烟中解放出来，而且使厨房工作更简洁方便，令热饭、热菜等都实现了"自动化"，成为现代厨房中的好帮手。

说起来，微波炉的发明纯属偶然，它得益于一块糖带来的灵感呢！

20世纪40年代初，英国的科学家们正在积极从事军用雷达微波能源的研究工作，他们设计出了一种能够产生大功率微波能的磁控管。但是，当时正值第二次世界大战期间，德国飞机对英伦三岛狂轰滥炸，英国的科学家们无法在国内生产这种新产品，只好来到美国寻求合作。他们带着磁控管样品访问美国雷声公司时，与才华横溢的电气工程师帕西·斯潘塞一见如故。斯潘塞顺利成为双方共同研制磁控管项目的骨干。

第二章 炊具

这天,斯潘塞像平时一样站在磁控管前做实验。快下班的时候,他朝口袋里一摸:"呀,真糟糕,口袋里的糖块怎么熔化了?"一开始,他以为是自己的体温使糖块熔化。后来,经过多次试验,他发现糖块是被微波产生的热量熔化的。

突然,他脑子里冒出一个想法来:既然微波能加热口袋里的糖块,那么能不能用它来做饭呢? 如果把军用的微波应用到老百姓的生活中,那将是一件造福千家万户的大好事呢!

斯潘塞兴奋不已,迫不及待地开始了试验。他拿来了一袋玉米粒和一个鸡蛋。他先把玉米粒放在波导喇叭口前,结果玉米粒跟放在了火炉里一样,很快变成了爆米花。接着,他又把鸡蛋放在波导喇叭口前,不久鸡蛋因受热而爆炸,溅了他一身。

"真是不可思议,不可思议!"斯潘塞抑制住心中的激动,决定利用磁控管产生的微波发明一种用来加热食品的家用电器。

于是,他立即全身心投入这项发明创造中,查资料,绘设计图,做样品……经过一番攻坚克难,世界上第一台微波炉终于诞生了。斯潘塞将他的发明成果命名为"雷达炉",因为这是他在做关于雷达的实验时受到启发而发明的。

制成第一台微波炉后,斯潘塞尝试用它来烹饪姜饼。一开始,由于火候控制不当,姜饼被烤煳了。后来他总结经验,屡次调整磁控管的功率,以选择最适宜的温度。经过若干次试验,姜饼的香味飘满了整个房间。嘿,居然成功了!

对一般人而言,口袋里的糖块熔化了只会令脑海中闪过一丝疑惑,不会留下什么痕迹,但对于一个善于捕捉发明创造火花的人来说,就是一次难得的机遇……

知识链接 微波炉的推广

▶ 1947年,雷声公司推出第一批家用微波炉——雷达炉,可是由于它成本太高,寿命太短,难以被推广,最终主要用于工商业。

▶ 1965年,乔治·福斯特加入雷声公司的微波炉研发团队,与斯潘塞一起,将微波炉改造得更坚固、耐用,且价格低廉。

▶ 1967年,微波炉上市新闻发布会兼展销会在芝加哥举行,微波炉的推广终于获得成功,并逐渐走入家庭。

第三章 食物

**面对万千美食，
嘴巴就是一台"吞吐机"**

饥饿时，热气腾腾的米饭，简单的粥蔬，甚至一碗香气扑鼻的方便面，都会让人大快朵颐。其实，在享受食物的过程中，嘴巴仅仅是一台"吞吐机"，饥饿感的消除与它一点关系都没有……

"偷懒"的人类 嘴里的盛宴

上古时代，人们靠天吃饭，只能靠自然界中的动物、瓜果草木来充饥，过的是茹毛饮血的原始生活。

在约70万～23万年前，以北京猿人为代表的古人类出现以后，我们远古的祖先学会了磨制工具，并学会从自然界取火，爱上了熟食。

直至八九千年以前，人类进入新石器时代，终于掌握了种植粟米、水稻等的技术，而且学会建造半地窖式房屋，制造彩陶，逐渐开始驯化禽兽，使其为人类服务，并最终成为肉食。

这就是人类嘴巴"吃"出来的一部历史。现在，我们选取其中一些有趣、有意义和有一定代表性的食物，来看一看人类的嘴巴究竟"吃"出了什么样的文化。

1. 驯化动物：让吃肉不再是难题

大家都知道春秋时期越王勾践卧薪尝胆的故事。他忍辱负重，经过十年发愤图强，最终率军打败了吴国的军队。越国之所以能够灭掉吴国，范蠡和文种是最大的功臣。因此，勾践便要封范蠡为上将军，封文种为丞相。但是，范蠡不顾勾践的再三挽留，决定离开越国。范蠡离开后，悄悄送了一封信给文种，信上写着："飞鸟尽，良弓藏；狡兔死，走狗烹。"成语"鸟尽弓藏，兔死狗烹"就是从这个故事里诞生的，意思是飞鸟打光了，弹弓也就被藏起来不用了；野兔被捕杀了，猎狗就被煮着吃了。

如果从"吃"这个角度看，这句话透露了一个信息：2500年前，我们的祖先就养狗了。那么，狗是不是人类最早饲养的动物？猪、牛、羊、鸡等与我们关系密切的动物朋友，究竟是什么时候开始与人类结缘的？

说起动物饲养，就不得不谈到动物驯化。动物驯化是一个跨越了数万年的漫长过程，它与人类的"吃肉史"息息相关。

早在300万年前，人类主要以水果为食，肉食极少，仅限于一些昆虫，以及其他食肉动物捕猎后吃剩的残骸。现代研究认为，狗的祖先是狼，人类开始驯化野狼的时间，可以追溯到4万年前，并且在大约1.5万年前，野狼就已经彻底被驯化成狗了。狗成为人类捕猎的帮手，让人们更容易捕到可供肉食的动物。

或许，在漫长的采集狩猎文明中，人们发现，相较于植物性食物，肉食能提供更多的能量——事实上，肉食的确更利于人类大脑的发育和进化。于是，在大约1.1万年前，人类终于驯化出第一种以吃为目的的动物——绵羊和山羊。之后，猪、牛、鸡等动物也被驯化出来，这极大地扩充了人类的肉食储备。

从人类对野生动物的驯化史可以看出，人类祖先逐渐开始饲养动物，是为了获得更稳定的肉食来源，减少与野生动物的直接冲突，毕竟那个时候，人类虽然有了捕猎的能力，但是捕猎风险较高。

知识链接　考古我国的家畜饲养

▶ 河北省保定市的南庄头遗址中出土了狗骨，说明我国在1万年前就开始养狗了。

▶ 考古发掘证明，我国是世界上最早养猪的国家之一。河姆渡遗址中出土的一只陶猪，体态肥胖，腹部下垂，四肢较短，整个形态与野猪相差甚远。这只陶猪的出土，说明我国养猪的历史至少有七八千年。

▶ 在三四千年以前，我国的家畜饲养进一步发展，饲养种类和数量增多。距今约3700年的河南省偃师市二里头遗址中出土了马的骨骼，距今约3600年的内蒙古自治区赤峰市大甸子遗址中发现了家鸡的骨骼。

河姆渡遗址中出土的陶猪

2. 杂交水稻：人类种植史的革命

在生产力极其低下的原始社会，人们主要靠采集和狩猎为生。在长期的采集过程中，人们逐渐了解到一些植物的生活习性，学会了栽培技术，于是，在新石器时代，原始的种植业萌芽了。

水稻作为世界主要的粮食作物之一，在我国的栽培历史相当悠久。10000多年前，野生稻就在华夏大地生根发芽，古代先民敏锐地捕捉到了它的可食性，开启了采集和驯化之路。我国成为世界最早栽培水稻的国家，也是世界稻作文明的发源地。湖南省永州市玉蟾岩遗址中发现了14000～18000年前的炭化稻谷，被认为是迄今世界上最早的人工栽培稻标本。浙江省金华市上山遗址中不仅出土了距今8500～11000年的炭化稻米，还出土了石磨盘、石磨棒、大口盆等加工、煮食稻谷的重要工具，说明当地的先民已经开启了原始稻作农业。

今天，中国人对粮食最大的贡献，莫过于袁隆平院士及其团队培育的杂交水稻，它满足了无数张嘴巴的需求。

1953年，袁隆平从西南农学院（现西南大学）农学系毕业后，来到偏远落后的湖南怀化地区的安江农校当老师。后来，在几场罕见的

名人档案馆

姓名：袁隆平（1930—2021）

国籍：中国

成就：袁隆平一生致力于杂交水稻技术的研究、应用与推广，被誉为"杂交水稻之父"。他是中国工程院院士，曾获国家特等发明奖、首届最高科学技术奖，以及联合国教科文组织科学奖、世界粮食奖等20余项中外大奖，2018年被授予"改革先锋"称号，2019年被授予"共和国勋章"。为纪念他的贡献，第8117号小行星被命名为"袁隆平星"。

经历：1980年，美国圆环种子公司向中国种子公司支付了当时可谓是天价的20万美元首期专利转让费，袁隆平分文未取，因为他早已把专利无私地贡献给了国家。1987年，袁隆平获得联合国教科文组织颁发的年度科学奖，他将这次获得的1.5万美元奖金全部捐出作为杂交水稻奖励基金，以奖励在这一领域有突出贡献的中青年科学工作者。

粮食饥荒中，他目睹一个个脸色蜡黄的水肿病患者倒下，自己也饱受饥饿的痛苦。严酷的现实令袁隆平默默立下志向，要用专业知识尽快培育出高产量的水稻新品种，让老百姓远离饥饿。

经过无数次的思索和试验，从 1960 年起，袁隆平渐渐明晰了研究思路：培育出杂交水稻种子，就能极大地提高水稻产量。可是，杂交水稻研究是世界难题。水稻是雌雄同花的作物，自花授粉，难以一朵朵地去掉雄蕊搞杂交。这样就需要培育出一个雄蕊不育的稻株，即雄性不育系，然后才能与其他品种杂交。只有先找到天然的雄蕊不育的植株，才能通过人工培育出雄性不育系水稻。可是，在成千上万株水稻中，要找到一株雄蕊不育的水稻植株，无异于大海捞针。

1964 年，水稻开始抽穗扬花的时节，袁隆平走进水稻田的茫茫绿海中，头顶烈日，脚踩烂泥，驼背弯腰，拿着放大镜，一穗一穗地观察寻找。功夫不负有心人，经过连日的艰苦寻觅，7 月的一天，他终于在试验田里发现了一株特殊的水稻植株：稻花内的雌蕊发育正常，雄蕊还没有花粉，已经呈现出干枯的样子……这不就是他想要的雄性不育株吗？袁隆平顿时欣喜若狂。第二年，他又陆续找到了 5 株这样的水稻，从而迈出了关键性的一步。

在两年观察、实验的基础上，1966 年 2 月，袁隆平发表了论文《水稻的雄性不孕性》，正式提出通过水稻"三系"（即雄性不育系、雄性不育保持系和雄性不育恢复系）配套的方法来利用水稻杂种优势的设想与思路。他的论文引起了国家科学技术委员会的极大重视。

从发现天然雄性不育株算起，袁隆平和助手们又整整花了 6 年时间，先后用 1000 多个品种，做了 3000 多个杂交组合，仍然没有培育出不育株率和不育度都达到 100% 的不育系来。袁隆平总结了 6 年来的经验教训，提出利用"远缘的野生稻与栽培稻杂交"的新设想。

"偷懒"的人类 嘴里的盛宴

1970年秋季,袁隆平带领助手来到海南岛南江农场进行研究试验。11月23日,他们发现了3株雄花异常的野生稻穗,终于使杂交水稻研究迎来了转机。

1972年,中国农林科学院组织成立了杂交水稻协作组,全国各地的几百名农业科学技术人员在袁隆平的带领下,一起向杂交水稻研究发起攻关。

1973年,"三系"终于配套成功!1975年,袁隆平又攻克了"制种关"。1976年,全国推广杂交水稻种植面积超过200万亩,全部增产20%以上,全国粮食总产量达到28631万吨,比1965年增长47.2%。

袁隆平对杂交水稻的研究并没有就此止步。他从1986年开始研究二系法杂交水稻,带领团队解决了二系法杂交水稻品种在生产上应用的问题。1997年,他又担任了中国超级稻育种计划的首席科学家。2023年10月14日,在四川省德昌县超级稻示范基地,三块田平均亩产1251.5公斤,刷新了超级稻单季产量世界纪录。

2023年是中国攻克杂交水稻难关50周年。50年来，我国杂交水稻在国内累计推广面积达90亿亩，累计增产稻谷超过8000亿公斤，还向国外的60多个国家和地区覆盖。

从三系法杂交稻、二系法杂交稻到超级杂交稻，袁隆平一生心系"禾下乘凉梦"，不仅使中国杂交水稻研究始终居于世界领先水平，还向世界多个国家传授杂交水稻技术，为推进全世界粮食安全、消除贫困、造福民生做出了杰出贡献。

知识链接　中国稻的历史

▶ 殷商时代，水稻已经在农业生产中占据重要地位。殷墟甲骨文中就有"稻"字的出现，并记录了稻谷生产的丰歉情况，显示当时水稻生产技术已经相当成熟。

▶ 唐代时，水稻成为人们的主要口粮之一，种植面积大幅提高。

▶ 到了宋代，水稻熟制从一年一熟提升到一年两熟，产量跃居粮食首位，这让宋朝成为世界历史上第一个人口过亿的国家。

"稻"字的演化

▶ 明清时期，南方部分地区水稻熟制提升到一年三熟，解决了更多人吃饭的问题。

▶ 商朝时，"稻"这个字只有类似"白"字的字形；及至周朝，加上了如稻穗挺立般的"禾"字。再后来，"白"的上面加上了"爪"，有迎风打稻、用手舂米的意思。

3. 面包：一次失误诞生的美食

小麦是人类的主要粮食之一，栽培历史已有10000年以上。小麦被磨成面粉后，是制作馒头、面包、面条等食物的主要原料。

面包是以五谷（一般是麦类）为原料，以酵母、鸡蛋、油脂、糖等为辅料，加水调制成面团，经过发酵、整形、焙烤、冷却等过程加工而成的焙烤食品，是嘴巴的爱物之一。关于它的发明，有一个有趣的传说。

公元前2600多年，古埃及一个贵族奴隶主家里，有个叫蒙卡坦努的奴隶，负责每日为主人烤制薄饼。有一天，奴隶主要为女儿举办盛大的生日宴会，便吩咐蒙卡坦努准备充足的薄饼款待客人。蒙卡坦努连续做了三天三夜，累极了，当他将最后一批面饼放到炉子里后，竟然不知不觉地躺在角落里睡着了，炉子里的火也渐渐熄灭了。夜里，生面饼在炉子里的余温中慢慢膨大

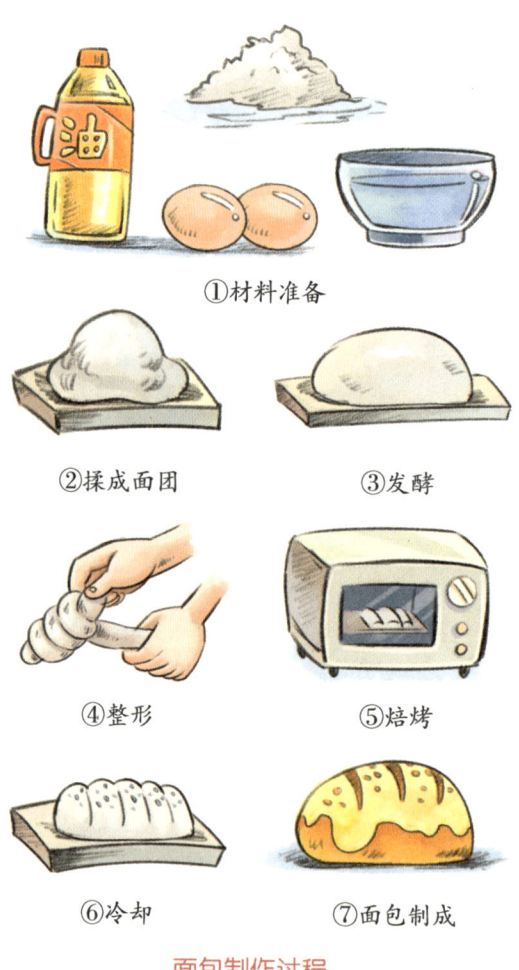

①材料准备
②揉成面团
③发酵
④整形
⑤焙烤
⑥冷却
⑦面包制成

面包制作过程

起来。当蒙卡坦努醒来打开炉子,发现面饼比昨晚大了很多,却是生的,吓得连忙把面饼塞回炉子里去,继续加火烤制。当烤饼做好以后,蒙卡坦努却惊出一身冷汗。

"怎么会这么大?"他发现这次的烤饼比以前的要大一倍,而且又松又软,与主人要的薄饼完全不一样,便更加忐忑不安。

"蒙卡坦努,有新出炉的烤饼吗? 小主人要吃刚做好的。"这时,另一个奴隶跑了进来,一眼看到炉子里的烤饼,便将烤饼放到盘子里端走了。蒙卡坦努绝望地瘫坐在地上。

几分钟后,那个奴隶又跑回来告诉蒙卡坦努,主人要见他。认为自己闯了大祸的蒙卡坦努,战战兢兢地来到主人面前,跪在地上,准备接受责罚。

"蒙卡坦努,你这饼是怎么做的? 跟以前的不一样呢,松松软软的,很好吃啊!"主人十分高兴地说。

"尊敬的主人,今天是小主人的生日,我没有什么礼物送给小主人,所以特意烤制了这些松软饼。"蒙卡坦努灵机一动,低声回答道。

主人一听,非常高兴,给了蒙卡坦努很多赏赐,并让他每天早上都做这样的松软饼。这用在炉火余温中膨大的面团做成的松软饼,就是最初的发酵面包。

知识链接 关于面包的真相

▶ 古埃及人发明了面包,但并不懂其中的原理。直到19世纪中叶,法国微生物学家、化学家巴斯德揭开了面包发酵的奥秘:暴露在空气中湿润的生面饼被野生酵母菌感染,在温暖的炉腔内,面饼里的酵母菌快速繁殖生长,于是发酵成为面包。

▶ 大约在公元前6世纪,古埃及人将发酵面包传到希腊。希腊人改进了面包烤炉和面包制作技术,大大改善了面包的品质和风味。后来,罗马人征服了希腊,面包制作技术又传到了罗马。罗马人进一步改进了制作面包的方法,并将面包制作技术传到了欧洲各地。

4. 方便面：饥饿催生的发明

1945 年，第二次世界大战结束，日本战败投降后，"吃"成了日本社会最为严峻的问题。寒冬的一天，安藤百福经过一家拉面摊，看到穿着简陋的人们顶着寒风排起了二三十米的长队。目睹此景，颇有生意头脑的安藤百福想：要是经营食品生意一定能挣钱，而且资金回转得快。他看着拉面摊前瑟瑟发抖的食客，陷入了沉思……

这时，一颗发明的种子已经悄然植入安藤百福的心中：如果制造出一种加入热水就能食用的速食面，人们就不用忍受寒冷去排队了。

可是，安藤百福并没有认真去研制这一产品，而是忙碌于自己的经营业务。岁月曲曲折折地走到了 1958 年春，此时的安藤百福经营

名人档案馆

姓名：安藤百福（1910—2007）

国籍：日本

成就：发明的方便面被人们称为"20世纪最伟大的食品"。

经历：安藤百福原国籍不是日本，他于1910年出生在中国台湾，原名叫吴百福。自幼失去双亲的他，依靠父亲的遗产开始艰难的创业之路。起初，他经营针织品贸易，有了一定的积累后，于1933年东渡日本，后来加入了日本国籍。

的公司倒闭，欠下了巨额债务。这时，那颗埋藏在心底的发明种子开始发芽了——他终于想起研发方便面这件事儿。

这一年，安藤百福在自家住宅后院内建了一间10平方米的简陋小屋，接着找来了一台旧制面机，买了一口直径1米的大炒锅，还有大量的面粉、食油等，开始了方便面的研制。

为了找到制作方便面的"秘方"，对食品制作十分外行的安藤百福只好起早贪黑地摸索、试验。他把所有想到的面料配方几乎都试了一遍，面团做了扔，扔了做，重复了一次又一次，还是做不出令自己满意的面条。

正当安藤百福的方便面研制陷入无计可施的境地时，一天，他的夫人将刚做好的油炸面食端上桌,他顿时受到了启发。他发现夫人做油炸食品的面衣上有无数的洞眼,像海绵一样——这是因为面衣是用水调和的,其中的水分在油炸过程中会发散掉,形成洞眼。将这油炸食品浸入水中,上面的洞眼就会像海绵一样吸水,面食很快就膨大变软。由此,安藤百福想,将面条浸在汤汁中着味,然后油炸干燥,就能制作出既能长期保存,又能用开水泡开的面了。他激动不已,把这种制作方法叫作"瞬间热油干燥法"。

不久,安藤百福完成了方便面的前期研发工作,开始进入试制阶段。他将全家人都动员起来,把精心制作的试制品分发给各处熟人,得到的评价是"具有和现有的拉面不一样的美味,而且非常方便,能成为新商品"。

1958年8月,世界上第一包方便面——鸡肉拉面终于诞生了。随后,安藤百福创建了日清食品公司,并不断地改进方便面。他给自己的方便面制订了"五条标准":

一、要味道好,吃而不厌;

二、能够成为家庭厨房常备食品,保存起来十分方便;

三、食用非常方便、简单,不需要烹饪,加入热水就能够立即食用;

四、价格便宜,一般工薪阶层能够买得起,是一种大众化的食品;

五、必须安全、卫生,这是它走向市场的生命力所在。

围绕这五条标准,安藤百福不断地提高方便面的品质,包括更新包装、添置简易餐具等。

1970年,日清公司推出了杯面,拉开了方便面走向国际市场的序幕。此后,安藤百福将方便面推向了世界,创造了食品销售的奇迹,也为自己赢得了很高的荣誉。

当安藤百福回忆这段发明历程时,曾无比感叹地说:"战后,我看到人们因缺粮而挨饿,于是决心投身食品业。我深信有了充足的食物,世界才会和平。我发明方便面的目的很简单,就是希望人们可以随时随地、安心地吃面,这样我会很开心。"

随着生活节奏的提高,方便面因其即食性强、能快速充饥,且价格便宜,深受不同层次的消费者欢迎。不过,值得提醒的是,方便面食材较为单一,不适合人们长期食用。

知识链接 安藤百福与方便面

▶ 1965年,安藤百福决定在方便面包装上标明生产日期,此举在日本食品行业开了先河。后来,标注生产日期成为日本《食品卫生法》的一部分。

▶ 世界方便面协会于1997年3月4日在日本东京成立,安藤百福当选为首任主席。该协会每两年召开一次全球高峰会。

▶ 1999年,为了纪念安藤百福的贡献,日本池田市专门建立了一座方便面博物馆。

▶ 安藤百福工作一生,奋斗一生,48岁发明了方便面后,一直在自己的公司里工作到95岁才退休。

方便面桶装包装的发明

1966年,安藤百福第一次去美国考察,希望能把方便面推向美国市场。当他拿着鸡肉拉面去洛杉矶的超市,让几个采购人员试吃时,他们为难地摇头,最后把鸡肉拉面分成两半放在小纸杯中食用。

受此触发,安藤百福恍然大悟:欧美人吃饭不用筷子和碗。于是,安藤百福想到把方便面做成桶装的,并在小桶里放上塑料叉、作料之类的东西。

后来,安藤百福在从美国回日本的飞机上,看到空姐给的装食品的铝制盒子上,都有一个由纸和铝箔贴合而成的密封盖子。他发明创造的灵感再次迸发,便把这一技术用在了方便面上,由此解决了方便面密封保存的问题。

细心的安藤百福还决定缩小方便面的包装容器,这样一来,吃面的人就可以像端着水杯一样,端着面碗到处走动。至此,方便面的包装日臻丰富,成为现代流行的样式。

5.用一只鸡改变世界

"用一只鸡改变世界",谁能放出这样的豪言壮语?

美国人哈兰·山德士,因为他发明的肯德基炸鸡创造了快餐奇迹。1930年,40岁的山德士来到肯塔基州开了一家加油站。脑子灵活的山德士想:为什么不顺带卖点小吃来多赚点钱呢?于是,他在加油站的小厨房里做了些日常餐食,招揽顾客。

名人档案馆

姓名:哈兰·山德士(1890—1980)

国籍:美国

成就:肯德基品牌的创始人,发明了著名的肯德基炸鸡,开创了肯德基快餐连锁业务。

经历:哈兰·山德士出生在美国印第安纳州亨利维尔市的一个农庄。他6岁那年父亲去世,12岁那年母亲再嫁,他与继父的关系不太融洽。读到小学六年级时,山德士决定辍学外出打工。他先后在农场做过工,当过粉刷工、消防员,卖过保险……日子一直过得十分辛苦。谁也想不到,山德士后来成了企业家。

有一天,山德士准备把前一天没有卖完的鸡块放在锅里热一热,重新卖给风尘仆仆而来的驾驶员充饥。

"能不能加点其他作料,再放在油锅里炸一炸呢?这样也许味道会更好。"山德士担心"剩菜"没滋没味,影响他的生意,想变个花样卖给顾客。

想不到,鸡块经过这么煎炸一番,变得香脆可口,味道独特。这盘热气腾腾的菜端上餐桌,便大受欢迎。

"再来一盘,美味,美味!"顾客们啧啧称赞。

"不好意思,卖完了,下次再来,下次再来!"山德士笑嘻嘻地回应着。

刚开始,山德士为了扩大自己加油站的生意而制作炸鸡;后来,炸鸡的名声超出了加油站,吸引来的顾客越来越多,加油站已经容不下了。于是,山德士在马路对面开了一家山德士餐厅,专营炸鸡。

山德士一边经营,一边研究炸鸡的特殊配料。最终,他用 11 种药草和香料，使炸鸡表皮形成一层薄薄的酥脆的壳，里面的鸡肉则滑嫩而鲜美。现在，这种配方的调料已增至40种，成为肯德基最重要的秘密武器。

知识链接　肯德基与中式快餐

▶ 山德士烹饪炸鸡的调料配方被放在一个银行的保险柜里，不为世人所知。

▶ 1952年，美国盐湖城第一家被授权经营的肯德基餐厅诞生了，这便是世界上餐饮加盟特许经营的开始。

▶ 1987年，肯德基快餐连锁店进入北京市场，揭开了中国现代快餐快速发展的序幕。

▶ 中式快餐是相对于西式快餐而言的，它以中国人的餐饮习惯为基础，结合快餐的某些元素，是一种全新的属于中国本土的餐饮形式。

▶ 相较于以汉堡类为主的西式快餐，中式快餐种类更为丰富，有饭食类、面条类、面点类、饮料小吃类，等等。

"快餐之王"麦当劳

肯德基因其美味的炸鸡风靡世界,成为著名的快餐品牌,它的竞争对手麦当劳才是世界最大的快餐食物连锁店。那么,麦当劳是如何诞生的呢?

1940年,美国的理查德·麦当劳和莫里斯·麦当劳两兄弟在加州开了一家麦当劳餐厅。之后,他们发现餐厅的收入有80%都来自汉堡,于是对经营方式进行了重大改革,除了将餐食品类改为主要销售汉堡、薯条等,同时将餐饮制作流程标准化,采用自助式用餐,提供快速服务——这种令人耳目一新的快餐经营方式大获成功。

1954年,销售多功能搅拌机的老板

雷蒙·克洛克到麦当劳餐厅调查后，被其经营方式吸引，于是与麦当劳兄弟谈判，取得了在美国各地开麦当劳餐厅连锁分店的经销权。

1955年4月15日，克罗克在芝加哥附近的德斯普兰斯开设了第一家真正意义上的现代麦当劳餐厅。

1961年，克罗克以270万美元的价格买断了麦当劳商标。在后来的30多年里，由于克罗克经营有方，麦当劳快餐品牌迅速发展，成为拥有许多家分店的跨国公司。人们常常把克罗克视为麦当劳的创始人之一。至少，克罗克是把麦当劳推上快餐业顶峰的人。

6. 薯片：一次泄愤的收获

什么是当今年轻人最喜爱的休闲零食？首先映入脑海的，恐怕非薯片莫属。它口感爽脆，滋味丰富，嘎嘣嚼上一口，既美味又解压。人们即使明知它属于不健康食品，依然对它欲罢不能。说起薯片的诞生，还得从它的原材料——马铃薯说起。

马铃薯（俗称土豆）的老家在南美洲安第斯山区的秘鲁和智利一带。在大约7000年前，一支印第安部落由东部迁徙到高寒的安第斯山脉，在那里以狩猎和采集为生，最早发现并开始食用野生的土豆。

16世纪中期，马铃薯被西班牙殖民者从南美的哥伦比亚带到欧洲的西班牙。当时，马铃薯开出的花朵很美丽，经常被人们拿来作为装饰品。

"偷懒"的人类 嘴里的盛宴

1586年,英国人在加勒比海击败西班牙人,把马铃薯带到了英国。后来,法国农学家安·奥巴曼奇在长期观察和亲身实践中,发现马铃薯不仅能吃,还可以做面包等。

1650年,马铃薯已经成为爱尔兰的主要粮食作物,并开始在欧洲普及。很快,马铃薯成为欧洲的重要粮食作物。

不过,在欧美人的餐桌上,马铃薯日常的吃法是薯条和薯片。薯片的发明纯属偶然,竟然与厨师的泄愤有关呢。

1853年夏天,印第安人乔治·加林在美国纽约东部一处旅游胜地当厨师。那里的月亮湖旅馆餐厅提供法式炸马铃薯条,乔治通常按照标准的法国尺寸制作。这种食品在17世纪风靡法国,后传入美国。

有一天,乔治像平常一样做薯条,可是一位客人嫌他做的薯条太粗,一脸不悦,并因此拒绝付账。无奈的乔治又做了一批细一点的,但同样不能让客人满意。被激怒的乔治决定教训一下这位客人,他把

薯条做成了薯片,非常薄、非常脆,以至于叉子都叉不起来。谁知薯片刚被端上桌子,那位客人就非常喜欢,对这种浅黄色的像纸一样薄的薯片赞不绝口,很快把一盘吃得精光。

乔治做梦也想不到,自己的突发奇想原本是为了发泄不满,却使薯片成了该餐馆的一道特色食品。后来,这种薯片被包装出售,乔治终于开了一家属于自己的餐厅。遗憾的是,粗心的乔治忘记了第一次做薯片的日期,虽然薯片日后风靡全球,却无人知道它的"生日"。

知识链接 薯片的推广与保鲜

▶ 在19世纪,马铃薯要靠手工削皮和切片,薯片产量极为有限。到了20世纪20年代,马铃薯削皮机的发明使薯片的大规模制作有了可能。

▶ 20世纪20年代,推销员赫尔曼·雷带着皮箱在美国南部的杂货店叫卖薯片,后来利用汽车把薯片运到美国各地,使它渐渐流行起来。

▶ 1961年,赫尔曼·雷把自己的薯片公司和得克萨斯州的弗里托公司合并,大力推销他的薯片,使之成为美国第一个市场

马铃薯削皮机

化的成功品牌。

▶ 在密封包装发明以前,薯片被保存在大桶或罐头里,在底部的薯片常常会不新鲜或潮湿。后来,有人发明了将两张蜡纸烫在一起的袋子,创造了密封包装,使薯片的新鲜度能一直保存到开封。

薯片对健康的危害

薯片含油量通常在30%左右,属高油高盐食物。与其他油炸食品一样,长期食用薯片对健康不利,特别是对于新陈代谢比较缓慢的老人,以及身体还处在生长发育阶段的幼儿,他们"解毒"能力较差,因此还是要管住嘴巴。薯片虽好吃,但不可多吃。

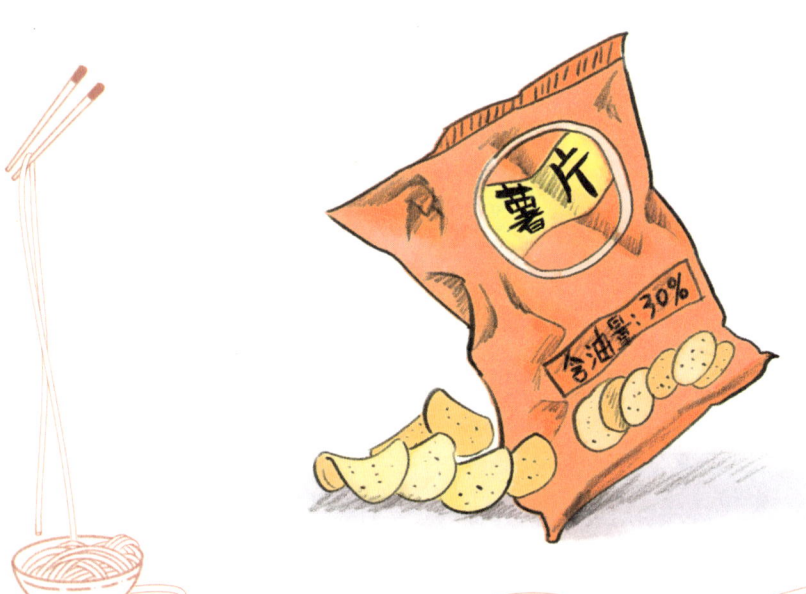

7. 口香糖：由树胶发展而来

口香糖起源于美洲。远古的时候，美洲的土著居民常常把云杉树的汁液收集起来，晾晒成块，含在嘴里咀嚼。这种最原始的"口香糖"不香，也不甜，而有滋有味的口香糖的诞生与橡胶工业有一段难忘的"姻缘"。

19世纪初，西方出现了橡胶工业，许多人都想通过橡胶来发财。美国人托马斯·亚当斯和他的儿子霍雷肖在墨西哥买了一片橡胶园，他们原想在改良橡胶上有所作为，可是几年下来，仍没有什么起色。

1852年的一天，亚当斯家来了一位对橡胶研究也有兴趣的人，叫安东尼奥·洛佩斯·德·桑塔·安纳。他带来了一包人心果树的树胶，希望与亚当斯一起，利用人心果树的树胶来代替橡胶。

"这是人心果树的树胶，要是能用它来制成橡胶的话，我们就可以发大财啦。"安纳一边谈他的构想，一边把人心果树胶放到嘴里不停地嚼。

亚当斯的儿子霍雷肖非常好奇，趁客人不注意时，也拿了一块人心果树胶放进嘴里嚼了起来。

"唉，一点味道都没有！"他嚼了几下，觉得没什么意思，就吐了出来。

一段时间后，安纳发现与亚当斯合作的事成为泡影，非常失望，便留下那包人心果树胶，不辞而别了。

不久后的一天中午，亚当斯走到一家店铺前，无意中看见一个小姑娘嘴里不停地嚼着什么。他觉得好奇，就走上前问："小姑娘，你嘴里嚼的是什么东西呀？"

"偷懒"的人类 嘴里的盛宴

"是石蜡（当时，石蜡是人们用来嚼咬的）。"小姑娘张开嘴巴，甜甜地说。

安纳嚼人心果树胶的情景，立即浮现在亚当斯的眼前。

"能不能用人心果树胶来制成像石蜡一样的东西呢？这样不是比石蜡更受人们的欢迎吗？"他将自己的想法告诉了儿子。

"爸爸，好主意。当地人都爱咀嚼这东西呢！"父子俩一拍即合。

当天晚上，父子俩就找回那包被遗忘的人心果树胶，立即投入了口香糖的研究中。父子俩在树胶中加热水，搅拌成黏稠状，然后用力揉合，最终捏成一个个小圆球。经过亚当斯父子俩的精心研制，用人心果树胶制成的口香糖问世了。

亚当斯把这些圆球送到店铺请人销售，一两天后，老板告知他这些一便士一块的口香糖销路很好。于是，亚当斯买进一批树胶，租了

一家工厂,开始大批量生产口香糖。

1875年,约翰·科尔甘在口香糖里加进芳香剂,使喜爱吃口香糖的人大大增加了。1880年,有人在口香糖里加进甘草、黄樟油、薄荷等,口香糖又有了新品种,味道更奇特。后来,人们不断改进口香糖的配方,制成了不同香型的口香糖。口香糖越来越受到人们喜欢,并逐渐走向世界。

知识链接 被"诋毁"的口香糖

▷ 在口香糖推广的初期,有人认为咀嚼口香糖是恶习,家长们极力阻止孩子们购买,老师也把咀嚼口香糖视为对课堂的强烈对抗。

▷ 1932年,物理学家尼古拉·特斯拉曾下过这样一番断言:"嚼咬口香糖会使唾液腺衰竭,导致死亡。"

"偷懒"的人类 嘴里的盛宴

想一想 口香糖为什么在两次世界大战中受到美国士兵的欢迎？

有人认为：

在战争中，一些美国士兵感到孤独和烦躁，通过咀嚼口香糖来消除这些不良情绪。

还有人认为：

在旷日持久的战争中，士兵们感到恐惧和紧张，通过咀嚼口香糖可以发泄一下。

小博士说

以上两种说法都是正确的。心理学家分析，口香糖确实有这些功效。在第一次和第二次世界大战中，成千上万的美国大兵都有不停咀嚼口香糖的嗜好。这些美国士兵把口香糖带向了欧洲，带向了世界各地，口香糖也从此风靡全球。

第四章 饮品

缤纷滋味，
让嘴巴好享受

　　与吃是生物本能一样，喝也是一种本能。对人体而言，喝甚至比吃更重要。人不吃可以挺七天，但超过三天不喝一滴水就会有脱水致死的危险。为了喝得好，从酒到茶，从牛奶到咖啡，嘴巴越来越享受饮品的缤纷滋味……

"偷懒"的人类 嘴里的盛宴

如果让爸爸妈妈怀念一下儿时记忆中的味道,猜一猜他们会说什么。在20世纪80年代的中国,对普通老百姓来说,"饮料"就是小卖部卖的汽水。那时,许多地方都建有饮料厂,生产汽水是必不可少的项目,饮料产品中90%都是汽水。后来,饮用品浪潮阵阵来袭,碳酸饮料、瓶装水、含乳饮料、茶饮料、果汁等层出不穷。那么,饮用品的老祖宗是什么?是东方人的茶,还是西方人的咖啡?让我们穿越时光隧道,一起去看看在漫长的历史岁月里,嘴巴如何追求饮品的滋味吧!

1. 牛奶：饮食史上的革命

在所有饮品中，陪伴人类时间最长、与日常生活最密不可分的是哪一种？答案是牛奶，其重要性仅次于水。

根据考古学家推测，早在 11000 多年前，人类就驯化了牛作为家畜，并把牛奶作为重要的食物来源。大约 6000 年前，古巴比伦一座神庙内的墙壁上，就有关于人类获取和饮用牛奶的最早图画记录。公元前 4000 年左右，古埃及人使用牛奶作为祭品。埃及神话中象征丰产和爱情的神哈索尔，就长着一颗奶牛的头。在《圣经·旧约》中，牛奶一共被提及 47 次。

可见，奶牛和牛奶在西方的历史多么悠久！

虽然牛奶在欧洲起源很早，但在 19 世纪之前，牛奶和乳制品并未普及，这主要是因为牛奶不易保存，在常温下极易滋生细菌，饮用后会导致疾病，所以被认为是"高风险食品"。

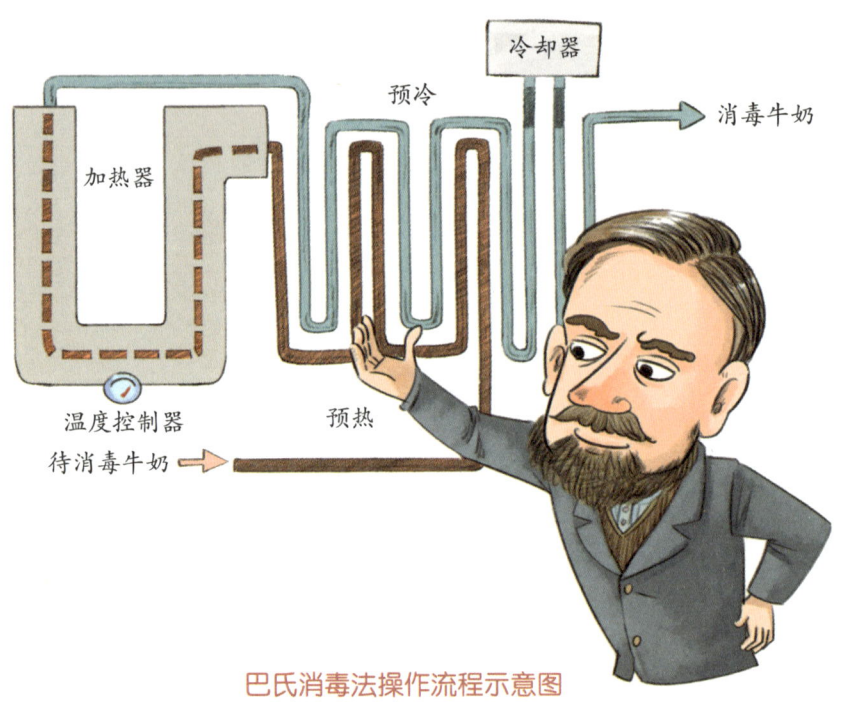

巴氏消毒法操作流程示意图

1856 年，牛奶的发展迎来了关键的一年。这一年，美国人吉尔·博登获得了加糖炼乳的发明专利。他的这项发明源于他的一次海上航行经历。当时，船上的一名婴儿由于喝了变质牛奶而丧生。博登目睹这一惨剧后，下定决心要研究牛奶保存技术，并最终研制出用减压蒸馏的方法将牛奶浓缩的炼乳技术，同时，他在牛奶中加入适量的糖，提高了牛奶抑制细菌腐蚀的能力，从而进一步延长了牛奶的保质期。并且，在制造炼乳的过程中，他逐渐发现了多种延长牛奶保质期的办法，如高温煮沸、脱脂等。1871 年，法国人路易·巴斯德发明了至今仍被广为使用的巴氏消毒法，彻底解决了牛奶饮用中的保质问题。至此，牛奶终于摘掉戴了几百年的"高风险食品"的帽子。

19世纪中期，牛奶的营养价值被科学家揭开，它所含有的多种氨基酸及几十种营养成分令人类惊喜万分，特别是生产及保质技术的进步，使牛奶掀起了一场饮食史上的革命，喝牛奶在大多数家庭成了一种习惯。

知识链接 关于牛奶的历史趣闻

▶ 13世纪末，著名旅行家马可·波罗在他的游记中记载，蒙古首领成吉思汗的队伍长途行军时，携带干燥过的粉末状牛奶作为食物。这是我们所知道的关于奶粉的最早记录。

▶ 1493年，哥伦布第二次驶向美洲大陆时，为了解决营养问题，带着奶牛上船。

▶ 1611年，美洲的詹姆斯顿殖民地迎来了第一批奶牛。当时，新教徒开始大批移居美洲大陆，英国法律规定，每艘驶往新大陆的船，必须严格遵循每5名乘客配备一头奶牛的标准。

▶ 今天，仍有生活在非洲和亚洲的数量庞大的人群因遗传基因问题，体内不能产生足够的乳糖酶而无法消化牛奶。

▶ 联合国粮农组织征得了世界700多位乳业界人士的意见，把每年的6月1日确定为"世界牛奶日"。"世界牛奶日"活动的目的是以多种形式向广大消费者介绍牛奶的生产情况，宣传牛奶的营养价值和对人体健康的重要性。

2. 从苦荼到茶文化

"开门七件事,柴米油盐酱醋茶",这是一句广为人知的俗语。饮茶之风始于我国,茶的原产地也在我国,而且当今世界茶叶的产量,我国最高。

相传早在上古时期,炎帝就发现了茶,但是它只被当作一种中药,并且不叫"茶",而被称为"苦荼",以至在很长一段时间内,人们都称茶是治病时服用的"苦荼"。

大约在西汉时期,茶从药过渡成一种饮料。当时,随着医药实践的深入,人们认识到茶不仅可以治病,而且可以清热解毒,又富于清香味道,是一种很好的饮料。于是,人们开始大量种植、采制茶,并逐渐养成了饮茶的习惯。"茶"字也随之出现。

到了三国时期,江南一带已有饮茶风气。魏晋南北朝时,饮茶在贵族中成为一种时尚,茶被用来招待尊贵的客人,是达官显贵、文人雅士聚会时的高级饮料。

唐朝时,饮茶风气渐渐在城乡普及开来。当时,一些城市已经有了专门卖茶的茶馆,一些贵族家中还建立了专门的茶库。茶的生产和贸易也非常发达,政府开始征收茶税——这正是茶业兴旺发达的标志。

宋代时,制茶技术显著进步,名茶品种已经达到数十种。元、明、清等各个时期,饮茶在人们日常生活中占有重要地位。

据史料记载,中国茶叶向海外传播,最早可追溯到南北朝时期,其中最为著名的贸易线路当属茶马古道——我国西南地区以马为主要交通工具的民间国际商贸通道。茶马古道把中国文化传播到了世界各地,是一条重要的古代经济文化交流走廊。

茶,因其怡情养性、防病祛疾等功能,被越来越多的人认同。饮茶逐渐从起初的文人墨客品茗斗茶、借茶抒怀，发展为达官政要、黎民百姓普遍饮用。并且，在几千年的历史流转中，人们逐渐发展出一系列茶艺、茶道等茶文化。

中国茶，以其清雅风流的一杯水，悄然改变了整个世界的饮用方式，成为流行世界的一种日常饮料。

知识链接　茶的传播

▶ 唐代的陆羽潜心研究茶艺而写出了世界上第一部关于茶的专门著作——《茶经》，书中论述了茶的性状、品质、产地、采制、烹饮方法及用具等。陆羽被后世尊为"茶圣"。

▶ 宋朝时，茶得到了官方的大力推广，一些帝王将相加入茶人行列，为茶事的发展推波助澜。宋徽宗赵佶曾亲自碾茶、点茶，并写了《大观茶论》，一时传为美谈。

"偷懒"的人类 嘴里的盛宴

▶ 1168年和1187年,日本荣西禅师先后两次来到中国,把中国的茶种带回日本,使茶渐渐在日本被更广泛地种植,饮茶之风在日本盛行。

▶ 17世纪,中国的茶叶从海路传播到了西欧。由于西欧各国皇室的欣赏及提倡,饮茶在欧洲风靡。在英国,最初是一家咖啡店把中国茶作为饮料引进的。

▶ 茶传到英国以后,诞生了饮誉世界的"下午茶",即在下午3~5点,一边吃糕点一边喝茶。下午茶多以红茶为主,茶汁红艳,味道醇厚;在茶汤中加入牛奶和糖,香醇甘美,令人回味无穷。享用茶点,不仅可以充饥解饿,消除疲劳,还可以以此交友聚会,联络情感,被各界人士推崇。

3. 咖啡：天然的"兴奋剂"

"浓黑如恶魔，滚烫如地狱，清纯似天使，甜蜜像爱情。"这是法国人对咖啡的评价。闻名遐迩的咖啡，它的故乡在非洲。

关于咖啡的起源，最广为流传的故事发生在埃塞俄比亚的咖法地区。据说，一位牧羊人在放牧时，偶然发现羊在吃了一种红色的果子后，欢蹦乱跳，兴奋异常。这引起了他的好奇。于是，他也采来一些这种果子食用，结果自己也莫名地精神高涨起来。这种奇妙的果子就是咖啡果。

"偷懒"的人类 嘴里的盛宴

从此，人们开始采集这种果子食用，并用其发现地"咖法"为之命名——后来才逐渐演变为现在通用的名字"咖啡"。不过，最初人们直接嚼食咖啡果，用来提神；或者将咖啡果捣碎后，裹上动物脂肪揉成小球状，用来果腹。

公元6世纪时，埃塞俄比亚军队入侵也门，将咖啡带到了阿拉伯世界。也门成为最早开始大面积种植咖啡的地区，并通过贸易使咖啡传入阿拉伯世界的其他地区。咖啡种植、制作的方法也被阿拉伯人不断地改进而逐渐完善。

11世纪时，阿拉伯人将一些完整的咖啡豆荚浸泡在冷水中，再把它们放在火上烘烤，然后放在水里煮，直到产生淡黄色的液体，这种液体便是咖啡饮料的雏形。在当时，由于伊斯兰教严禁教徒饮酒，教徒们发现"咖啡饮料"有提神醒脑的功效，于是就用其取代酒精饮料，作为提神的饮品而时常饮用。

15世纪以后，从世界各地前往圣地麦加朝圣的人们陆续将咖啡带回了自己的居住地，使咖啡渐渐流传到现在的埃及、伊朗和土耳其等国。咖啡也开始被较大规模栽培利用。

咖啡能进入欧洲大陆应当归功于土耳其人。16世纪，嗜饮咖啡的奥斯曼土耳其军队西征欧洲大陆，并且在当地驻扎了相当长的时间。大军撤离后，留下了包括咖啡豆在内的大批补给品。维也纳和巴黎的人们凭着这些咖啡豆和从土耳其人那里得到的烹制经验，使咖啡逐渐在欧洲普及，并发展出欧洲的咖啡文化。

17世纪，咖啡文化深深地影响了巴黎市民，大大小小的咖啡馆在街头巷尾兴起。人们在咖啡馆内举办着各种沙龙，新的文学、哲学与艺术流派相继问世，众多文学家、思想家及哲学家，如巴尔扎克、卢梭等，常常齐聚于咖啡馆沙龙高谈阔论。

18世纪初，法国海军军官德·克利被派驻法国在北美洲的领地马提尼克岛。在前往马提尼克岛的航船上，他带上了几株栽种在玻璃箱中的咖啡幼苗，并用自己的饮用水灌溉，一路呵护，最终成功地将它们种植在了马提尼克岛上。

后来，咖啡流传到南美洲，咖啡树的种植也遍布世界各地。

自人类开始饮用咖啡，至今已有1000多年了。到了21世纪，咖啡已风靡全世界，成为人们喜爱的饮品。在大大小小的咖啡馆里消磨时光，也成为年轻男女的一种生活方式。

知识链接　了不起的咖啡

- 咖啡是世界上最主要的饮料之一，品种已发展到8000多个。
- 咖啡品种虽然很多，但主要分成两大类：一类是浓味咖啡，即罗布斯塔种，主要产在非洲；另一类是香味咖啡，即阿拉比卡种，主要产在美洲。

▶ 历史上，法国的酿酒家曾担心自己的葡萄酒生意受到冲击，宣扬咖啡是毒品，会损伤人脑，会使人的皮肤变黑。可是，法国人还是接受了它。

▶ 目前，在天然产品的国际贸易中，咖啡的贸易额仅次于石油。

普罗柯布咖啡馆轶事

▶ 1686年，意大利人普罗柯布在巴黎开设了巴黎第一家咖啡馆——普罗柯布咖啡馆。当时，许多思想家、作家和音乐家等经常在这里聚会，其中包括伏尔泰、卢梭、狄德罗等知名人士。

▶ 法国大革命时期，普罗柯布咖啡馆也成为巴黎伟大的革命中心之一。

▶ 有趣的是，法国大革命前夕，当时还是炮兵少尉的拿破仑经常跑到普罗柯布咖啡馆喝咖啡。有一次，由于没有带够钱，他便用自己的军帽作为抵押，换了一杯咖啡喝。现在，这顶军帽成为普罗柯布咖啡馆的镇店之宝。

4.可可：探险队员的"魔药"

咖啡、茶、可可是世人公认的世界三大饮料，前两种我们都介绍过，现在来介绍一下这种既可以作为液体饮料饮用，也可以做成固体食物品尝的美妙食品——可可。

可可是一种植物，它的种子可可豆营养丰富，功用独特。由于可可豆产量高，价格贵，而且可可树四季常青，人们称可可豆为"绿色的金子"。

1519年，西班牙探险家科尔特斯率领的探险队进入墨西哥腹地后，穿密林，走沙漠，爬高山，来到了一块高坡上，此时队员们都累得筋疲力尽，横七竖八地躺在地上休息。

这时候，一队打猎的印第安人走过来，从行囊中取出了一种植物

的种子——可可豆，碾成粉状，放到瓦罐中加上水，架在火上烧了起来；水沸腾后，他们又朝瓦罐中撒了一些胡椒粉，制成了一种香气四溢的饮料，让科尔特斯的探险队员喝了下去。不一会儿，这些探险队员好像吃了魔药似的，个个精神焕发，体力倍增。

1528年，科尔特斯探险归来，向西班牙国王敬献了这种"魔药"——可可饮料。在制作这种饮料时，科尔特斯考虑到西班牙人的饮食特点，用蜂蜜代替了胡椒粉。国王喝了以后，大加赞赏，并传令下去，将可可豆作为宫中御品，不得流传至宫外，使得可可豆在西班牙王朝封闭了近百年。直至1606年，可可豆和可可饮料的制作方法才传入意大利，后来又传到了法国和英国，再后来传遍了欧洲，所到之处都大受欢迎。

许多商人从中看到了商机，可可饮料成了一个很赚钱的行业。西班牙的拉思科便是其中的一位。他是一位很爱动脑筋的食品商，经营食品多年，积累了丰富的经验。有一天，拉思科在煮可可饮料时，突发奇想：哎，虽然这饮料好喝，可是每次都要这样煮好麻烦！要是能将它制成一种固体食品，让它像树上的可可豆那样，脱去原来的苦涩，变得甘甜，又可以拿在手里吃，或者用开水一冲就能喝，那就太美妙啦！

这位食品商真的非同一般，想到就干。他认为，要是开发出一种新食品，那可就能赚大钱了。拉思科决定试制。经过反复试验，他采用了浓缩、烘干、加蜂蜜调制等办法，终于制成了固体的可可饮料。由于可可饮料是从墨西哥传来的，在墨西哥语里，它叫"巧克拉托鲁"，拉思科便给他的新产品命名为"巧克力特"。

这就是世界上最原始的巧克力。

拉思科的巧克力投放市场后，逐渐被世人认可，后来不断被人改进，有了奶油巧克力、脱脂巧克力等。如今，巧克力深受人们的喜爱，成为风靡世界的食品。

知识链接 巧克力的"进化"

▶ 1763年，巧克力进入英国。英国人在配制原料中增加了牛奶、奶酪，于是，奶油巧克力诞生了。

▶ 一开始，巧克力的口感并不好，因为可可粉中含有大量油脂，无法与水、牛奶等融合。1829年，荷兰科学家豪威发明了可可豆脱脂技术，使巧克力的色、香、味更趋完美。

拓展阅读

不同颜色的巧克力

黑色巧克力为纯巧克力，它的可可脂含量较高，根据可可脂含量的不同，黑巧克力又有不同的级别。颜色较深的是三级品，有烟熏味或焦味；如果是等级较高的二级品，就呈咖啡似的棕褐色。

白巧克力的成分包括糖、可可脂、固体牛奶和香料，因为不含可可粉，所以呈现白色，这种巧克力甜度较高。

除此而外，还有草莓味的红色巧克力、柠檬味的黄色巧克力、哈密瓜味的绿色巧克力和果仁巧克力等。不同颜色的巧克力满足了不同的个性需求、装饰需求和口味需求。

5. 可口可乐：药店走出的"大明星"

牛奶、茶、咖啡和可可的历史都非常悠久，且至今魅力不减。相较之下，大名鼎鼎的可口可乐饮料，就属于"晚辈"了。

你大概想不到，最初的可口可乐来源于治头痛的药水。19世纪80年代，在美国佐治亚州亚特兰大市有一家药店，这个药店的规模虽然不大，但药品比较齐全，特别是一些新药、特效药，在药架上都能找到。经营这家药店的老板是一位医学博士，也是一名药剂师，名叫约翰·潘伯顿。潘伯顿是个思维十分活跃的人，平时喜欢看书学习。一次，他从一本医学杂志上得知，古柯树叶中的古柯碱具有止痛功效。他想，如果用它配制成止痛药应该会受欢迎。于是，他马上行动起来。经过多次实验，他用古柯树叶和柯拉树籽做原料，再加入蔗

名人档案馆

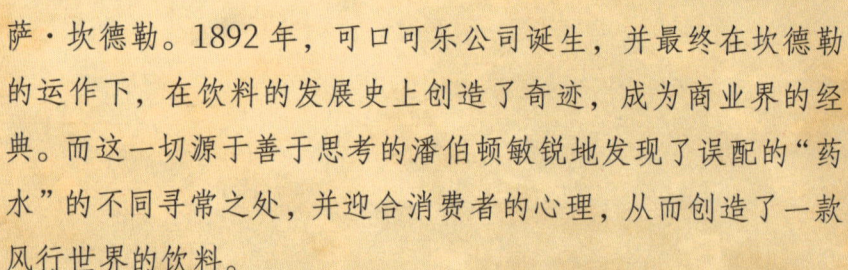

姓名：约翰·潘伯顿（1841—1888）

国籍：美国

成就：发明了可口可乐这种风味独特、爽口解渴的深红色饮料。

经历：配制成可口可乐不到两年，潘伯顿就去世了。去世前，他将可口可乐的配方和所有权卖给了商人阿萨·坎德勒。1892年，可口可乐公司诞生，并最终在坎德勒的运作下，在饮料的发展史上创造了奇迹，成为商业界的经典。而这一切源于善于思考的潘伯顿敏锐地发现了误配的"药水"的不同寻常之处，并迎合消费者的心理，从而创造了一款风行世界的饮料。

糖，配制成一种可治疗头痛的药水，而且疗效和口感都不错。他把两种原料的名字连起来，给这种药水取名叫"古柯柯拉"，并将其放在自己的药店出售。

1886年5月的一个中午，潘伯顿的药店里，小药剂师赫斯在暖融融的阳光照射下，正坐在椅子上打瞌睡。忽然，一阵急促的脚步声将他从睡梦中吵醒。

"喂——我头疼得要命，买一瓶古柯柯拉。"一位住在药店附近的先生非常着急地叫嚷着。

古柯柯拉药水在出售时是需要按一定比例兑以蒸馏水的。此时，睡眼惺忪的小药剂师在迷糊中，顺手将一瓶苏打水当成蒸馏水兑进了古柯柯拉药水中，交给了顾客。

顾客刚走，小药剂师就发现了自己的失误，顿时睡意全无。他两眼呆呆地望向门外来来往往的人群，心里忐忑不安，生怕惹出什么麻烦来……不久，果然来了好几个顾客，不过，他们嚷着要买刚才那个男人喝过的深红色药水。

"我也想买刚才那种深红色药水，听说效果不错，味道也很好。"原来，刚才那位先生买走了小药剂师误配的药水后，非常喜欢那个口感，便向身边的人推荐。

"这……这……"小药剂师很尴尬，一时不知如何是好。

正当小药剂师手足无措时，老板约翰·潘伯顿回来了。问清原因之后，老板才恍然大悟。老板是个有心人，既然顾客喜欢喝"深红色药水"，他便吩咐小药剂师按刚才配制的方法，再配制几瓶。就这样，小药剂师又用"深红色药水"把顾客打发走了。

顾客走后，老板把小药剂师夸奖了一番。事情本应该到此为止，可是约翰·潘伯顿是一位非常有生意头脑的人，他想，如果能研制出一种同类饮料，一定能吸引许多人。

于是，潘伯顿开始了"深红色饮料"的研制工作。经过无数次的反复配比，潘伯顿终于配成了一种味道奇异又非常可口的深红色液体。这种液体按一定比例加入了糖浆、水和碳酸水等，是一种让很多需要补充能量的人喜欢喝的饮料。他决定不再冠以"头痛药"的名称，而当作一般解渴饮料来卖。这种饮料被投放到当地商店，很快风行起来，大名鼎鼎的品牌饮料可口可乐就这么诞生了。

知识链接 可口可乐之最

▶ 目前，可口可乐公司是全球最大的饮料厂商，每天有 17 亿人次的消费者在畅饮可口可乐公司的产品。

▶ 美国纽约时代广场建有世界上最大的可口可乐瓶，高达 20 米、宽 13.7 米，在电脑控制、马达驱动下，瓶盖会啪的一声打开，同时一支粗大的吸管从瓶中伸出来，随后瓶里的可口可乐神秘消失。

▶ 日本名古屋有世界上最大的球形可口可乐广告牌，它位于名古屋车站楼顶，由超过 46 吨钢铁、940 米长的霓虹灯管及 1870 个灯泡建制而成。

"可口可乐"名字的来历

潘伯顿的合伙人弗兰克·罗宾逊是一位精明的商人,他从饮料的两种成分获得命名的灵感。这两种成分是从古柯(Coca)的叶子和柯拉(Kola)的果实中提取出来的。为了看起来更整齐,罗宾逊将Kola的K改为C,然后在两个单词中间加上一横,于是Coca-Cola便诞生了。

1927年,可口可乐刚进入中国市场时,按照英文名"Coca-Cola"直译成了"蝌蝌啃蜡",由于名字古怪,销量非常差。后来,该公司在全球征集中文译名,一个朗朗上口而又寓意丰富的名字——"可口可乐"中标。它保持了原英文名的音译,但比英文名更有寓意,而且无论是在书面还是口头,都易于记忆和传诵,为可口可乐饮料风靡世界插上了一对翅膀。

6. 酒：水的外形，火的性格

如果说牛奶、茶、咖啡、可可和可口可乐等饮品或为人类补充营养，强身健体，或给人们提供能量，醒脑提神，那么酒则独辟蹊径，拥有"水的外形，火的性格"，让无数人如痴如醉……

人类使用谷物制造酒类饮料已有8000多年的历史。啤酒是人类最古老的酒精饮料之一。已知最古老的酒类文献，是公元前6000年左右，古巴比伦人在黏土板上雕刻的献祭用啤酒的制作方法。葡萄酒的历史也可以追溯到远古时代。据考古学家推测，大约在公元前6000年，外高加索地区（今天的亚美尼亚和格鲁吉亚地区）的居民就已经开始酿造葡萄酒了。埃及出土的距今6000多年的古墓壁画上，绘有酿造葡萄酒的图案。

我国是酒文化的发源地，也是世界上最早酿酒的国家之一。民间

种植葡萄　采摘葡萄　酿制葡萄酒　葡萄酒产品

对酒的起源有很多说法,其中流传最广的是,酒是杜康发明的。据传,杜康生于周朝,是个牧羊人。他每次去牧羊都习惯带上用竹筒装着的米粥作为午餐。一天,他将装粥的竹筒放在一棵树下,离开时忘记带走。半个月以后,他又来到这个地方牧羊,发现竹筒还在原地。他走过去拾起竹筒,一股浓香扑面而来。出于好奇,他打开竹筒一看,发现里面的米粥已经发酵成了一种液体。他试着喝了一口这种液体,顿觉神清气爽。杜康将这竹筒带回村子,让村里人品尝。村里人喝了,都夸味道好。从此,杜康改行酿"酒"。

其实,一些考古学家认为,大约在原始社会的采集渔猎时期,人类通过品尝成熟后自然坠落在树洞里、石缝中已发酵的野生果实,便发现了酒。随着原始农业文明的发展,人们开始有了剩余"米粮",这些食物屡屡"变质",有的酸败腐坏,有的却形成可食用的米酒。随着生产力的提高,先民们开始观察食物成酒的过程,探究其原因,并逐步摸索着酿酒。

"偷懒"的人类 嘴里的盛宴

中国是世界上具有悠久酿酒历史的国家之一。殷商时期的甲骨文里就已经有了酒的象形字。《礼记》《周礼》中都记载了酿酒的过程,汉代成书的《黄帝内经·素问》中记述了黄帝与岐伯讨论酿酒的情景。1987年底,考古工作者在殷墟中发现了酿酒作坊遗址,证明在3000多年前的殷商时代我国已经有发达的酿酒业。

酒常常被人们用于各种社交场合和人情往来中,无论是庆祝活动还是朋友聚会,人们往往以酒为媒,表达感情,增进彼此之间的情感联系。

不过,值得提醒的是,饮酒过量对人体是有危害的,主要表现在两个方面:一是饮酒过量造成的急性损伤,另一个是长期酗酒导致的慢性损伤。长期酗酒对人体各个器官都会造成不同程度的损伤,特别是对大脑的损害会导致精神性疾病症状的产生,例如出现一些幻觉、妄想、抑郁等症状;也会造成记忆力、智力下降,甚至导致痴呆。长期酗酒还会导致人格改变,使人变得自私、脾气暴躁、缺乏责任感等。

知识链接 中国古代酿酒业

▶ 从西汉时期开始,酒由政府专营,政府规定价格,并对经营者征税。

▶ 唐宋时期，酿酒业已经非常发达，酒坊较多，而且常以"春"字为酒名，像"梨花春""洞庭春"等，都是盛行一时的美酒。
▶ 元代有了蒸馏技术，酿酒业有了长足进步。
▶ 明代还有专门的烧酒作坊，米酒、果酒等不同的酒已经在民间广泛流传。

①拌料　②摊晾　③制曲　④入窖　⑤起窖

中国古代酿酒流程

酒与政治、文化和军事的联系

酒是"政治饮料"。楚汉相争的"鸿门宴"、曹操的"醉后杀杨修"、北宋开国皇帝赵匡胤的"杯酒释兵权"等,酒都在其中充当了媒介。今天,酒桌上的座位还有老少尊卑之分,一些重要政治活动还会举办酒宴。

酒是"文化传媒"。李白"斗酒诗百篇"、苏东坡"把酒问青天"、毛泽东的"把酒酹滔滔,心潮逐浪高"等著名诗句,都充分表明酒是文人想象的翅膀。"书圣"王羲之醉中挥毫成就《兰亭序》,"画圣"吴道子"每欲挥毫,必须酣饮",怀素酒醉泼墨留下《自叙帖》。酒,点燃了文人墨客的才情,留下了千古文章、旷世墨宝。

酒是"军中伴侣"。古代军队出征前喝壮行酒,凯旋后喝祝捷酒,如越王勾践率兵伐吴、秦穆公伐晋、汉武帝赐酒犒赏将士等让酒与战争密不可分。现代,第二次世界大战中苏联士兵离不开伏特加,朝鲜战场上志愿军士兵以酒御寒等,也让酒成为战士的"亲密伙伴"。

第五章 储存

未雨绸缪，
为嘴巴"留一口"

为了更好地生存下去，人类学会了未雨绸缪——从"吃"开始，为了"备荒"开始储存食物，而且办法很多，比如晒干、阴干、风干，还有冷冻、窖藏、腌制，等等。也许人类真的饿怕了，总是想方设法为嘴巴留一口食物……

"偷懒"的人类 嘴里的盛宴

如果你的美食多得吃不完，会怎么办呢？你肯定会想到要用冰箱将它们保存起来。这是科学技术给我们储存食物提供的极大便利。饥饿时，打开冰箱，新鲜的食物唾手可得。可是，在没有冰箱的时代，人们如何将食物储存起来？

不要着急，可不要低估古人的智慧呀！我们现代熟知的食物储存方法，如干燥、腌制、冷冻等，其实由来已久，让我们慢慢了解它们的诞生过程吧！

1. 向大自然学来的干燥法

原始人的狩猎生活，并不是餐餐都能填饱肚子。幸运的时候，满载而归，每人分得的食物多一些；如果不顺利，很可能两手空空，只能过着忍饥挨饿的日子。不过，当古人在食用从野外找到的干果时，也会机智地想到用"干燥法"来储存食物，比如晾晒谷物、果实等。可以说，利用自然的力量使食物干燥，是保存食物的最古老方法之一。由于使用了这种方法，人类在大雪纷飞的寒冬，也可以为嘴巴留有足够的食物，从而生生不息。

当然，微生物的生长繁殖离不开水，食物中的水分降低到一定比例以下，就能抑制微生物活动，有助于食物的贮存，这一科学道理古

人并不懂,却不影响他们在实践中摸索着这么做。

在历史资料中,我们找不到是谁发明了食物的干燥储存法,但是有记录表明,在古代的巴基斯坦和美索不达米亚地区,人们除了晒小麦,还会晒无花果和葡萄。

那么,让食物干燥,除了靠太阳晒,还有其他的办法吗?在漫长的生产生活实践中,古人渐渐掌握了风干、阴干、烘干、熏干等多种方法。可见,为了给嘴巴"留一口",人类是多么爱动脑筋啊!

知识链接 各种干燥方法

▶ 风干就是靠风来吹干食物中的水分。风像一双无形的手,会慢慢挤掉食物中的水分,由此避免食物里面残留的水分导致食物霉变。

▶ 史前时期,在不太炎热但干燥的地区,人们学会了用火来烘烤食物并贮存食物。在燃料缺乏的沙漠地区,人们会把水果和蔬菜埋在热沙里,让阳光把它们烘干,然后保存起来。

▶ 烟熏是一种保存食物的好办法。烟熏不仅可以使食物变干，还可以使脂肪分解，无需加香料就能使食物产生独特的风味。

动物中的储存高手

▶ 冬天，小松鼠喜欢把吃不完的松子藏在树下的雪堆里，等找不到食物时再来享用。

▶ 乌鸦的智商很高，往往会假装将食物藏在了某个地方，以此来迷惑想偷食的同类，其实它已经把美食贮存在一个偏僻的地方了。

▶ 蚂蚁常常捕捉并"保护"蚜虫，然后吸取蚜虫分泌的蜜汁。它"储存"蚜虫其实就是在储存食物。

▶ 喜欢在地下挖掘洞穴的鼹鼠会把挖到的植物块茎运送到地下"粮仓"中储存起来。田鼠也喜欢把花生、大豆、高粱、稻谷等运到鼠洞里，放在早已修好的地下"仓库"里。

2. 盐腌：古老的食物保存术

在人类生活中，盐的重要性不言而喻，没有盐的菜难以下咽，人体的生长发育离不开盐。那么，人类是用什么方法获得盐的呢？

湖盐

井盐

岩盐

根据盐的来源，人类把盐分为海盐、湖盐、井盐、岩盐等，制盐的方法也不同。利用海水制盐的方法主要有三种，即太阳蒸发法、电渗析法和冷冻法，其中太阳蒸发法也称"盐田法"，即民间所说的"晒盐"。制海盐的过程包括纳潮、制卤、结晶、采盐、贮运等步骤，需要在岸边修建很多像稻田一样的池子，利用太阳的照晒、海水的蒸发来获取盐。这种方法最为古老，运用最为广泛，而且延续至今，它体现了我国古代劳动人民制盐的杰出智慧。

第五章 储存

古人制盐场景

从食物保存的角度来看，利用盐来腌制食物，从而储存食物，是一项历史悠久的发明创造。

北魏农学家贾思勰（xié）撰写的《齐民要术》中记载了许多不同酱菜的制作方法，如用甜酱、酱油等加工酱菜，用酒糟做糟菜，用糖蜜做甜酱菜等。这说明古人为了能够吃到可口的蔬菜，早已学会了"腌制法"。

那时候，人们并不知道盐能杀死细菌（如盐浓度在10%以上），从而保持食物不变质，只知道腌制能保存食物，让人类"一饱口福"，这是古人从实践中得出的真知。

现在，各种腌制方法已从简单的保存手段转变为独特风味产品的加工技术，它是我国人民勤劳智慧的结晶。

海水中的盐从哪里来？

海水中有大量的盐，如果把海水中的盐全部提取出来平铺在陆地上，陆地的高度可以增加153米；如果把世界上所有海洋的水都蒸发干，海底就会沉积60米厚的盐层。海水里这么多的盐是从哪儿来的呢？

科学家们把海水和河水进行对比，研究了雨后的土壤和碎石，发现海水中的盐是由陆地上流动的江河带来的。

地球大约在46亿年前诞生，那时候的海水是淡的。据科学家估算，每年经过江河流到大海里的盐高达30亿吨。

那么，河水为什么不是咸的呢？这是因为来自土壤和碎石中的盐类物质经雨水冲刷流入江河，但此时河水的盐含量并不高，而且河水是流动的。而河水流入大海后，在阳光的照射下，海水不断蒸发，使得海水的含盐量越来越高。

3. 罐头：拿破仑悬赏征集的秘方

古人为了延长食物的保存期，采用过许多办法，如烟熏、日晒、盐腌等。可是，这些保存方法往往无法使食品保持原汁原味，并且会使营养成分流失。18世纪，随着世界贸易的繁荣，长时间生活在船上的海员，由于吃不上新鲜的蔬菜、水果等食品而患病，严重的甚至危及生命。对此，许多食品专家都在寻找良方，希望帮助人们解决这一难题。遗憾的是，一直没有什么进展。

18世纪90年代，法国的拿破仑率领军队横扫欧洲。可是，由于是远程作战，食物供应跟不上，直接影响了士兵行军打仗。特别是一些新鲜的蔬菜、肉类，时间一长就容易变质，让负责军需的军官感到非常头疼。

于是，拿破仑悬赏征集食物贮藏的秘方，凡是提供长时间贮藏或长途运输新鲜蔬菜、水果办法的人，可以得到12000法郎奖金。

法国巴黎一位做甜品的厨师尼古拉·阿佩尔看完这张布告后，心里非常高兴，希望努力一番能拿到那笔奖金。阿佩尔迫不及待地跑到街上，买了很多蔬菜回家。他想，蔬菜变质可能与阳光照射有关。于是，他把蔬菜全部搬到一个阴暗的地方堆放起来，可几天下来，蔬菜全烂了。他心里非常懊恼。奖金固然诱人，可是得到它非常困难，连一些食品研究的专家都束手无策，何况自己只是个做甜品的厨师呢！阿佩尔非常懊丧。

一连几天，阿佩尔都难以入睡，脑子里想的都是如何长期保存食物这个问题。"难道是蔬菜里进了脏东西而引起腐烂？"于是，他试着把蔬菜和水果包扎起来，封得严严实实的。这种方法虽然能将食物保存得久一些，但是仍然不能解决长途运输的问题。

名人档案馆

姓名：尼古拉·阿佩尔（1749—1841）

国籍：法国

成就：发明了罐头食品，从而促进了食品罐装技术的提升。

经历：阿佩尔曾在酸菜工厂、酒厂、糖果店和饭店当过工人，也曾贩卖果浆、葡萄酒等饮品。他获得拿破仑颁发的奖金后，开设了一家工厂，专门为法军提供食物，赚得盆满钵盈。

时间一天天过去了,拿破仑的奖金一直没有人去认领。阿佩尔在研发新的甜品过程中打发时光。当然,他并没有忘记这件事情,只是一时想不出什么好办法而已。

多年以后的一天晚上,阿佩尔的妻子说把吃剩的菜放在锅里重新煮一遍,可以防止变馊。阿佩尔听了眼前一亮,喃喃自语起来:"重煮一次就能防止变馊?这么说,加热煮熟可以防止食物变质?"

阿佩尔觉得有办法了,心里默默地想:要是把这些蔬菜和水果煮熟以后,再包装好,也许存放的时间会更长。

说干就干,阿佩尔立即动手做试验。他先把食物装进玻璃瓶里,敞开瓶口,放到水里煮。等瓶里的食物煮沸后,再用一个软木塞将瓶口塞起来;为了防止瓶口漏气,又在软木塞的周围涂了一层蜡,并用铁丝扎好,再将瓶子

①将食物装进瓶子

②敞开瓶口,煮沸

③密封瓶口,再煮

④瓶子冷却后,包裹上粗麻布静置

阿佩尔制作罐头的流程

"偷懒"的人类 嘴里的盛宴

放到开水里煮一会儿。等瓶子凉透以后，裹上一层又一层的粗麻布，将其放在常温下不动……

整整两个月，阿佩尔像守着宝贝一样地守着瓶子。后来，他再也忍不住了，终于慢慢地把粗麻布一层一层地打开，小心翼翼地揭开玻璃瓶的瓶盖，嘿，那些食物不但没有变质，而且味道比原来更好呢！阿佩尔喜出望外。

就这样，世界第一瓶罐头食品诞生了。这一年是1804年。

后来，法国陆军和海军试用了阿佩尔的食品后，十分满意，阿佩尔高高兴兴地领到了奖赏。

阿佩尔发明的罐头，能较长时间保存食品，使其不腐烂变质，这就是现代罐头的雏形。

阿佩尔的玻璃罐头问世后不久，英国人彼得·杜兰特制成了马口铁罐头。这是一种镀锡薄板金属罐，使罐头食品得以投入生产。19世纪初，罐头技术传到美国，波士顿、纽约等地出现了罐头工厂。

1862年，法国生物学家巴斯德发表论文，阐明食品腐败的主要原因是微生物的生长和繁殖。于是，罐头工厂采用蒸气杀菌技术，使罐头食品达到绝对无菌的标准，并制订出科学的罐头生产工艺。从此，罐头食品走进了千家万户。

知识链接　罐头选购小窍门

▶ 罐头工厂的代号由1个英文大写字母和两位阿拉伯数字组成，印在罐盖或罐底。标有此类代号的罐头产品，表明其生产企业的生产技术条件和产品质量等都通过了中国罐头工业协会的审核，质量有保证。

▶ 罐头食品有金属包装、玻璃瓶包装、软包装等包装形式。正常的金属罐应外形完整、不变形、不破损、无锈点、底盖向内凹；玻璃瓶罐头的金属盖中心应略向下凹陷，透过瓶身观察其内容物应形态完整、汤汁清晰、无杂质。反之则不宜选购。

"偷懒"的人类 嘴里的盛宴

高温真的能消毒吗？

▶ 在所有的可利用的灭菌消毒方法中，高温加热是应用最早、效果最可靠、使用最广泛的方法。

▶ 人类用高温进行消毒灭菌和防腐已有悠久的历史，原始人和古代人已懂得用火加热食物，防止其腐败。

▶ 进入中世纪以后，人们用火烧毁病人的衣服和尸体，以阻止传染病的流行。这也是高温灭菌法。

▶ 在充足的温度和持续时间的条件下，用高温可以灭活包括细菌繁殖体、真菌、病毒和抵抗力最强的细菌芽孢在内的微生物。

4. 从实验室走出来的保温瓶

火的发明，让人类享受了熟食的美妙，并渐渐告别吃生的、喝冷的的野蛮状态。虽然古人知道，支起一口锅，把水烧开，就能喝上热水，但是，将喝不完的水装在保温瓶里保温，让人们随时能喝上热水，这件看似简单的事，在100年前是做不到的。现在，几乎每个家庭中都有的保温瓶，不仅方便喝水，还可以为食物保温，成为人们生活中不可缺少的一部分。不过，保温瓶的发明倒有一段曲折的经历。

保温瓶诞生之初，根本不是为了方便把热水储存起来，以保证需要时能喝上热水，而完全是一种"意外"；更为奇妙的是，一些探险活动让它"一举成名"。

1891年，英国化学家、物理学家詹姆士·杜瓦一心一意地研究气体液化问题。一天，他在-240℃的低温下制出液态氧，想找个瓶子把它装起来。如果用普通的玻璃瓶，热传导作用会致使温度发生变化。怎么办呢？杜瓦灵机一动，请两名玻璃

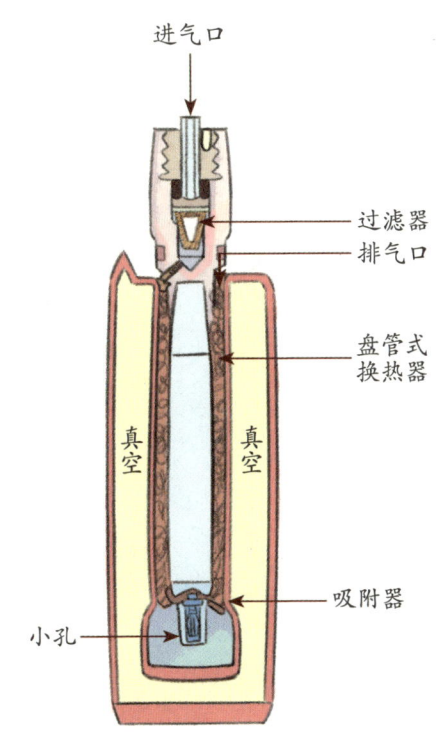

杜瓦瓶结构示意图

制造工人制作了一个双层玻璃瓶,把隔层中的空气抽掉,切断传导;并且在真空隔层里涂上一层银作为反射涂料,将热辐射挡回去。这样,瓶内胆就可以较长时间保持恒定的温度了。因此,杜瓦制造的保存液态气体的真空瓶诞生了,名字就叫杜瓦瓶,杜瓦还获得了专利权。

不过,这位专家发明了这个瓶子后,并没有多想,而是开始研究液态氢的问题。从1903年起,当年为杜瓦制作真空瓶的工匠之一、德国人霍尔德·伯格看到了这种瓶子的家用潜力,先后两次在杜瓦瓶的基础之上进行了改进,使其在日常生活中也能使用。伯格为改进后的瓶子申请了专利,并且开始大力推销。他举办了一次给他的保温瓶起个好名字的比赛,最终获胜的名字是"瑟莫斯"(取自希腊语中"热"

的意思）。伯格先后在德国、美国、英国等国家申请经营许可，使保温瓶走进了人们的日常生活。

不过，真正使保温瓶畅销并广为人知的，是当时的一些探险活动，如非洲之旅、北极探险等活动中，人们都用了这种瓶子，为保温瓶做了"活广告"，最终让它在世界各地通用起来。

知识链接　保温瓶小知识

▶ 保温瓶经常为科学上的用途服务，比如牛痘苗、血清或其他需要保持恒温的液体，就经常用保温瓶来运送。

▶ 保温瓶的保温、保冷功能最差的地方是瓶颈周围。因此，制造保温瓶时需要尽可能缩短瓶颈，容量愈大而瓶口越小的保温瓶，保温效果愈好。正常情况下，12小时之内瓶内的冷饮可保持在4℃左右，开水可保持在60℃左右。

5. 从天然"冰柜"到电冰箱

古人很早就知道,冰天雪地就是天然的"冰柜"。如果把一条鲜活的鱼,或者一块鲜血淋漓的肉,埋藏在冰雪中,过一段时间再挖出来,它仍然会新鲜如初,这就是冰雪的"魔法"。

据记载,公元前2000多年,幼发拉底河和底格里斯河流域的古巴比伦居民就会在坑内堆垒冰块来冷藏肉类。在我国,食品冷藏的历史也有3000多年。我国先民的主要冷藏方法有三种。一是窖藏。远在商代,人们就会在寒冬腊月将室外结成的冰块存放起来,供来年夏季冷藏食物之用。到了西周,王室里有了专门管理藏冰和供冰的机构和官员——"凌人"。二是器藏。《周礼》中就有关于古代的"冰箱"——"冰鉴"的记载。人们把冰放入"鉴"内,同时把制好的菜肴、酒及果品等食物也放进"鉴"内,以防食物腐败变质。三是井藏。

人们找无水或少水的地方凿井，并用陶制的井圈把井口边缘的土衬砌好，把需要冷藏的食物放在井中，以达到冷藏的目的。在中世纪，欧洲人还把冰块放在特制的水柜或石柜内以保存食品，这算得上是最原始的冰箱。

冰鉴

不过，在19世纪以前，发明家们对冷藏科学的认识还是比较浅薄的。人们认为最好的冰箱应该防止冰的融化，于是，总是努力把冰用毯子或棉被包裹起来。

1822年，英国著名物理学家法拉第发现了二氧化碳、氨、氯等气体在加压的条件下会变成液体，压力降低时又会变成气体的现象；而液体变为气体的过程中会大量吸收热量，使周围的温度迅速下降。法拉第的这一发现，为后人发明压缩机等人工制冷技术提供了理论基础。

1851年，澳大利亚《基朗广告报》的老板哈里森在一次用醚清洗铅字时，意外发现将醚涂在金属上有较好的冷却作用。后来，他研制出世界上第一台冷冻机。

1923年，瑞典工程师布莱顿和孟德斯发明了第一台用电动机带动压缩机工作的冰箱。这项专利被一家美国公司买去，并在1925年生产出第一批家用电冰箱。

屈指算来，人们从发现天然的"冰柜"到制造出电冰箱，竟然用了几千年的时光。并且，经过几十年的发展，电冰箱才渐渐走进寻常百姓人家，随时为"嘴巴"储存着美食。

知识链接 冰箱与制冷剂

▶ 澳大利亚的哈里森研制出的冷冻机是以醚为制冷剂的。这台机器最后应用在澳大利亚维多利亚的一家酿酒厂,供酿酒时制冷降温用。

▶ 1873年,德国化学家、工程师卡尔·冯·林德发明了以氨为制冷剂的冷冻机,后来它也用于一家酿酒厂,属于工业用的冰箱。

▶ 1879年,卡尔·冯·林德制造出了世界上第一台人工制冷的家用冰箱。这种蒸汽动力的冰箱很快就投入生产,到1891年时,已在德国和美国售出12000台。

▶ 在20世纪30年代以前,电冰箱使用的制冷剂大多不安全,如醚、氨、硫酸等,或易燃,或腐蚀性强,或刺激性强,后来发明家才找到比较安全的制冷剂氟利昂。

▶ 氟利昂是无毒、无腐蚀、不可燃的氟化合物,但对地球大气臭氧层有破坏作用,所以人们需要寻找新的制冷剂。

第六章
"吃"背后的新科技
科技让我们的食物更丰富

随着世界人口的迅速增长，粮食问题成了人类面临的严峻问题。于是，人们一方面利用科技为实现粮食数量增长而绞尽脑汁，另一方面也不断拓展人类食物的种类，为让嘴巴吃得更丰富而努力着……

"偷懒"的人类 嘴里的盛宴

俗话说,民以食为天。纵观漫长的人类进化史,其实都是为一张嘴在忙碌。由于担心没有足够的食物吃,人类进行了一系列的发明创造。为了吃,除了动脑筋想办法解决劳动工具、制造食品、储存食物等技术外,还有一项重要的任务就是向土地要粮食,向科技要营养,从而诞生了化肥、农药、太空育种……

1. 化肥：给庄稼补充营养

几千年以前，人们就知道动物的粪便可以肥沃泥土，营养庄稼。在狩猎过程中，人们发现一只动物被打死后血水浸染的地方，或者有动物尸体腐化的地方，草木会长得特别茂盛。于是，祖先们对"肥料"有了模糊的认识。不过，他们不知道那里的植物为什么会长得好，更不知道今天人们所说的氮、磷、钾等元素帮助植物生长的奥秘。在150多年前，农民种地只能依靠草木灰或农家肥（人或动物的粪水），天长日久，植物吸收走营养后，土壤越来越贫瘠，收成越来越差。后来，德国科学家尤斯图斯·冯·李比希发现了氮对植物营养的重要性，研制出了化肥，让"不毛之地"长出了庄稼，为世界各地农作物增产做出了杰出贡献。

李比希自幼酷爱化学，并且由于太喜欢化学而对其他学科都不感

名人档案馆

姓名：尤斯图斯·冯·李比希
（1803—1873）

国籍：德国

成就：化学家。在无机化学、有机化学、生物化学等方面都做出重大贡献。把化学应用到农业生产上，提出植物的矿质营养学说，研制出化学肥料，被称为"肥料工业之父"。

经历：李比希的父亲是一个经营染料、油脂和化学试剂的商人，店里有些货物要自己制造，因此家中有许多化学药品。少年时，李比希经常去店里帮父亲做事。他酷爱阅读化学书，常常待在店里的一间小侧屋里，偷偷地做一些有趣的化学实验。有一次，他在做雷酸汞的实验时引起了爆炸，震动了整个楼房，屋顶的一角也被炸毁，但他本人没有受伤。对于这件事，李比希的父亲不仅没有责备他，还夸他有胆量、有追求。每当李比希回忆往事时，都深有感触地说：少年时代的化学实验激发了他的想象力和对化学的热爱，而父亲的鼓励给予了他追求梦想的勇气。

兴趣，结果连中学都没念完就辍学了。17岁那年，李比希终于深刻地认识到，要想成为一名化学家，必须有扎实的基础知识，这才发奋苦读，进入波恩大学学习，后来又转入埃朗根大学，并获得化学博士学位。

1824年,年轻有为、英姿勃勃的李比希一回到德国,就被聘为吉森大学的教授。有一次,他在郊区考察时,发现那里的庄稼产量不高,农民的脸上布满了愁云,便弯下腰来观察庄稼。是什么原因造成庄稼产量上不去呢?李比希一时想不明白。

当时,一位农民看到李比希对庄稼和泥土这么感兴趣,十分不解,便问道:"怎么?在地里发现了什么宝贝?"李比希听了,笑着说:"我在想是不是应该给这些庄稼增加一些营养,那样的话,庄稼会长得更好。"

这位农民听了,觉得他的话很好笑,因为他们祖祖辈辈都是这样种庄稼的,根本不需要给庄稼提供什么营养。李比希却不以为然。他认为,只有弄清楚庄稼的生长需要什么,泥土里缺少什么,才能从根本上解决庄稼的产量问题。

回到实验室以后,李比希从文献资料中了解到,古老的中国和印度在种庄稼时都会不断地向庄稼施用人畜粪,这说明人畜粪中含有庄稼生长所需要的物质。后来,他通过大量的实验发现,氮、氢、氧这三

种元素是植物生长所必需的，同时，钾、磷、石灰等物质对植物生长发育也有一定的作用。于是，他决定在自己的实验室里研制一种无机盐和矿物质的人工合成肥料，给庄稼增加必需的营养。

1840年的一天，李比希的实验室里，世界上第一批钾肥、磷肥诞生了。李比希和助手怀着无比激动的心情将这些肥料投放到了附近的庄稼地里，希望这些贫瘠的土地上能丰收。遗憾的是，到了收获的季节，这些庄稼并没有像李比希希望的那样有明显增产。

对此，李比希没有失望，没有灰心，而是查找原因，总结经验教训：这些无机肥被雨水一泡就变成了液体，渗到了土壤深处，而庄稼的根扎得并不深，因此把我们的肥料稍做改进就行了。

李比希开始了新的探索。之前在研究肥料的过程中，李比希错误地认为植物所必需的氮是从大气中直接吸收的，所以他在化肥配料表中没有加入氮化物。这次，他在原来的肥料中添加了氮元素，制成了含氮、磷、钾三种元素的新肥料。他将这种新肥料施在一块废弃的土地里，再种上庄稼。

春种秋收。谁也没有想到，奇迹真的出现了：这块废地上长出的庄稼绿油油的，结出的种子沉甸甸的……不毛之地竟然获得了大丰收，这让农民们感到不可思议！

1842年，李比希在英国建了工厂，这是世界上第一座化肥厂。从此，李比希给无数农民带来了丰收，也给世界农业带来了一场革命。

化肥的利与弊

化肥让庄稼增产，解决了粮食产量不高的问题。但长期使用化肥，会对庄稼或土壤造成影响。

长期大量施用氨肥，土壤会逐渐酸化，土壤的物理、化学特性会发生变化，导致土壤板结，肥力下降；大量施用氮肥，会给土壤引入大量非主要营养成分或有毒物质，对土壤微生物的正常活动有抑制或毒害作用。

土壤酸化不仅会破坏土壤性质，而且会促进土壤中一些有毒有害污染物的释放、迁移，使土壤毒性增强，导致微生物和蚯蚓等土壤生物减少，并且加速土壤中一些营养元素的流失。更为严重的是，超量使用化肥，会造成环境污染，破坏生态平衡。

过度使用化肥的危害

2. 杀虫剂：人类与害虫的"战争"

人与动物生存在同一食物链上，人类想吃的，动物也会垂涎三尺。可以说，几千年来，动物一直在与人类争夺食物，最为典型的就是蝗害。世界历史上发生过多次著名的蝗虫向人类"夺粮"的重大灾害，蝗虫所过之处，一片狼藉，几乎不剩下任何可以食用的谷物。事实上，世界上有3000多种害虫，它们不仅吃掉大量谷物、水果和纤维品，还传染疾病，贻害人类。直至世界上第一种有机合成农药DDT杀虫剂的诞生，这场"战争"才因人类使用了"新武器"而告一段落。当初发明、启用它，不仅为了防治森林、庄稼虫害，也为了挽救人类生命。发明这一"新武器"的人是瑞士化学家保尔·赫尔曼·米勒。

1935年的一天，米勒接到妹妹的一封家书，知道家乡又闹起了严重的虫灾。米勒非常难过，决心研制一种药物来帮助家乡的父老乡亲消灭害虫。可是，三年过去了，他合成了许多化学药物，但这些药物

往往要在喷洒后几个小时,甚至几天才能起到杀虫作用,害虫中毒的过程非常缓慢,药物的灭杀威力也不大。

米勒为此十分苦恼,许多关心他的朋友都劝他:"别钻牛角尖了,怎么能搞出速效灭虫药呢? 这是不可能的事。"

"难道就这么半途而废? 三年的心血就白费了吗?"米勒实在不甘心就此放弃。

"傻瓜,难道你还要再浪费三年吗?"

有人嘲笑他,有人议论他……

米勒左思右想,觉得研制出一种效果好的杀虫剂虽然不是一件容易的事,但还是应该继续研制,否则,难道让这些害虫永远这样猖獗下去吗?

一个偶然的机会,米勒看到了双苯基三氯乙烷的制备方法,受其启发,1939年9月,米勒终于制造出一种叫作"二氯二苯基三氯乙烷"的化合物,这正是米勒苦心寻找的那种东西。它廉价、无味、稳定,几乎对所有的昆虫都有效。由于这种化合物的名称太长,米勒便只取它

的英文单词首字母，称其为"DDT"。

遗憾的是，当米勒公布自己的研究成果后，对他的发明，瑞士化工界有的视为奇谈怪论，有的根本不屑一顾。后来，瑞士政府把这种杀虫剂用来防治马铃薯甲虫，取得了令人满意的效果。然而，它的制造工艺非常复杂、成本高昂，无法推广使用，普通农民家庭根本用不起，有的化学家便讥笑它是"一项派不上用场的发明"。

面对困难，米勒没有停止研究的脚步，经历无数次改进后，1942年，他发明了成本低、工艺简单、毒性强的DDT，并正式投放市场。从此，在长达几十年的时光里，DDT都风光无限，成为害虫的克星。

知识链接 可怕的DDT

▶ DDT开创了有机氯农药的新时代。此后，各种各样的农药被发明出来，在农业生产中大显身手。现在全世界农药的品种多达1200种。

▶ 杀虫剂DDT其实也有缺陷：其一，DDT固然可以杀死大量害虫，但也使有些害虫产生抗药性，进而慢慢失去杀虫效力；其二，虽然 DDT 对人类和动物一般比较安全，但绝不是安全无毒，它最大的缺陷是长期使用后会造成对土壤、水质和大气的污染。

▶ 1970 年以后，DDT 逐渐被世界各国明令禁止生产和使用。风光一时的化学杀虫剂 DDT 终于结束了自己的历史使命。

第二次世界大战让 DDT 一举成名

1943 年，正值第二次世界大战期间，斑疹伤寒在意大利南部的那不勒斯地区流行起来，这种病是以虱子为媒介的急性传染病，死亡率较高。万般无奈之下，医学家突发奇想，用 DDT 来毒杀虱子，没想到效果很好。于是，那不勒斯开始大面积使用 DDT，不论军人还是普通百姓，都争着喷洒 DDT。三周后，虱子被彻底消灭，人类历史上第一次阻止了斑疹伤寒的流行，DDT 从此一举成名。

3. 人工降雨：让"呼风唤雨"变为现实

为了获得好收成，伴随气象预报技术的进步，人类开始把目光聚焦在"呼风唤雨"上，希望通过人工降雨解决干旱问题，使农作物的生长不受气候影响，这是人类向大自然"要粮食"迈出的关键一步。

在科技落后的古代，人们不了解雨的形成原因。在干旱的日子里，面对大自然，人类始终无能为力，只能听天由命，甚至认为风雨雷电是由神仙掌管的，因此采取各种迷信方式向神仙祈求风调雨顺。随着现代科技的迅猛发展，人类掌握了人工降雨技术，让"呼风唤雨"变成了现实。人工降雨已成为人类应对干旱、灌溉良田的重要措施之一。

19世纪末期，人们已经就人工造雨展开了广泛的研究，然而都以失败告终。20世纪40年代，人们发现飞机飞到足够高度时，机翼上会结一层冰，大大影响了飞行，而且很容易造成飞机失事。当时，由

于飞机已被大量用到了战场上，这个问题亟待解决。为此，飞机制造厂商通用公司专门聘请著名科学家欧文·朗缪尔博士来帮忙解决这个问题。

1946年的夏天，骄阳似火，朗缪尔博士和助手谢弗尔冒着酷暑继续在制冷器中做试验。午饭时间到了，谢弗尔忘了关上冷冻机的盖子

名人档案馆

姓名：欧文·朗缪尔（1881—1957）

国籍：美国

成就：化学家、物理学家，不仅发明了人工降雨技术，还发明了氢气焊接、往灯泡充入气体等技术，于1932年获得诺贝尔化学奖。

经历：欧文·朗缪尔带着年轻的助手谢弗尔，一起来到大雪纷飞的新罕布什尔山区做试验。山里的气候特别冷，在这里，他们惊奇地发现，周围云层的温度虽然经常低于冰点，但云中的水分没有结冰，也没有形成雨或雪。他们对这种奇怪的现象产生了浓厚的兴趣。当时，人们对雨雪形成的根本原因并不清楚，欧文·朗缪尔心想：如果能弄清雨雪形成的原因和条件，不就能进行人工降雨了吗？尽管当时有人认为他们异想天开，但后来他们真的成功了。原来，发明创造就这么奇妙，"不怕做不到，就怕想不到"。

就离开了。午饭过后,他又回到制冷器前,突然惊叫起来:"冷冻机箱的温度怎么上升了?"

转瞬他又恍然大悟:制冷器的盖子没有盖上,受周围热空气的影响,冷冻箱的温度就上升了。于是,为了继续进行试验,谢弗尔向制冷器内投入了一些干冰(即二氧化碳的固体状态),以便将温度迅速降下来。在投入干冰的同时,他正好向制冷器内哈了一口气。然而,奇怪的现象出现了:制冷器内,在他哈出的气体中,有一些细小的碎片在闪烁。

"这不正是自己望眼欲穿的冰的晶体吗?"谢弗尔兴奋不已,便不停地向制冷器内哈气,并且投入大量干冰。过了一会儿,只见冰的晶体变成了小小的雪花飘起来。就这样,人造雪在意外中诞生了。

人造雪的成功让朗缪尔和谢弗尔兴奋不已,因为这离人造雨只有一步之遥。

1946年11月的一天,天气特别冷。谢弗尔和朗缪尔决定开始试验他们的人工降雨法。在朗缪尔充满期待的目光注视下,谢弗尔驾着

一架农用飞机飞上天空,在云层上方撒下大量的干冰。朗缪尔密切地注视着天空。忽然,他看见无数的雪花就像天女散花一样飘飘洒洒地从天而降。雪花落到他的脸上时,化成了一个个小水滴。

"我们成功啦!成功啦!"朗缪尔仰起头,对着天空的飞机大声喊叫。

这是人类第一次实现人工降雨。从此,人类走进了一个"耕云播雨"的新时代。

知识链接 催雨剂与人工降雨

▶ 朗缪尔发明人工降雨技术后,美国工人伯纳德·冯纳格特进一步研究出了用高纯度碘化银人工降雨的方法,使人工降雨变得更加简单、便宜。

▶ 碘化银作为催化剂,很快获得了比干冰更为广泛的应用。因为干冰降雨有时会有些危险,在几次利用干冰降雨的过程中,巨大的干冰块直坠屋顶,凿出大洞,引起人们的恐慌。

▶ 中国最早的人工降雨试验在1958年。这一年夏季,吉林省出现60年未遇的大旱,人工降雨成功缓解了旱情。1987年,在扑灭大兴安岭特大森林火灾中,人工降雨也发挥了重要作用。

拓展阅读

人工降雨的奥秘

云是由许多小水滴或小冰晶构成的。当空气中含的水蒸气较多时,水蒸气还会在小水滴或小冰晶的表面继续凝结。

当云中的小水滴或小冰晶大到空气再也托不住的时候,就会向下降落。这时,如果低空的气温大于0℃,降落的小冰晶会融化成小水滴,也就是我们看到的雨。

根据雨的形成原理,人们用飞机、大炮等向云里播入制冷剂,让空中的水蒸气迅速凝结成水滴,使云层中的小水滴增多、变大而降落,从而形成降雨。

由于雨来自云,有云才有可能下雨,所以人工降雨必须借助一定的气候条件:需要有大范围的较厚云层,同时水汽也要比较充足。

4. 转基因：给嘴巴多一种选择

曾几何时，关于转基因食品安全性的问题，在社会上被炒得沸沸扬扬，人们谈"转"色变。那么，为了解决人类口粮问题，让嘴巴有食物可吃，利用现代转基因技术生产的食品到底能不能吃呢？暂时不急着寻找答案，让我们先来认识一下基因的"真面目"。

"龙生龙，凤生凤，老鼠的儿子会打洞。"这是我国古代的俗语，意思是任何一种生物所生的后代都保留着父母的特性，也就是"基因"，它承载着父母的遗传信息。虽然我们肉眼看不见，基因却有神奇的力量，忠实地把遗传密码一代一代地传下去，如蝴蝶的基因决定它们能长出一对美丽的大翅膀，猫爱吃鱼却没有潜水的本领，鱼喜欢吃蚯蚓却不能游到岸上来，等等。地球诞生的46亿年间，多姿多彩的生物世界在"物竞天择，优胜劣汰"的自然法则下，能活下来的，都有自己的"独门绝技"，这就是基因的贡献。

进入20世纪，基因科学研究不断取得突破。1972年，被称为"基

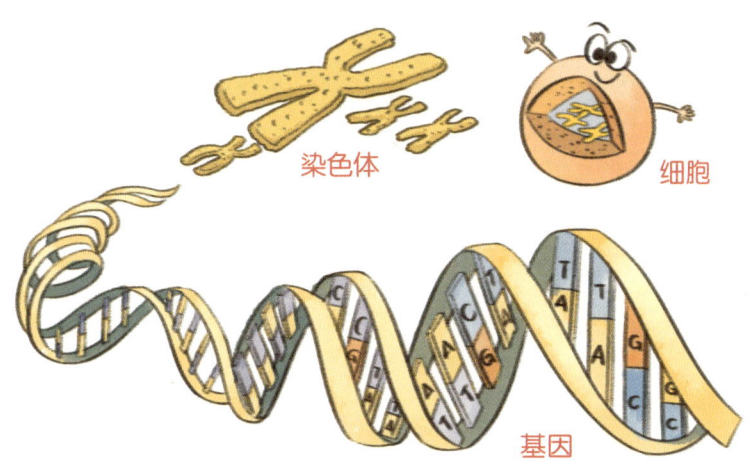

因工程之父"的美国科学家保罗·伯格及其团队成功将不同来源的两段DNA拼接在了一起，标志着DNA重组技术的诞生。从此，转基因技术突飞猛进。虽然人类还培育不出能潜水的猫，但是已经实现了把某种生物的有益特性以改造基因的方式呈现在另一种生物上，如科学家曾把一种蛋白基因注入玉米和棉花中，提高了这两种作物的抗病能力，减少了农药的使用。

1994年，美国正式批准向市场投放保鲜型番茄，这是市场上的第一个转基因食品。随后，美国的转基因食品发展迅速，开始有了转基因大豆、转基因玉米、转基因水稻等，并被推广至世界各国。

随着转基因技术的成熟，人类将培育出更多高品质、抗病能力强、产量高的农产品，让嘴巴拥有更多的选择。

不过，农业转基因技术可以为嘴巴"谋福利"，也可能产生风险，关键在于人们如何利用它。比如诺贝尔发明炸药的初衷是为了方便开山采矿，但是炸药也被广泛用于战争。我们必须建立起全面、系统的转基因安全评价方法、程序和相关法规制度，以确保转基因食品的安全。

知识链接　转基因与杂交育种

▶ 杂交育种是基于基因遗传的原理，把不同基因类型的动物或植物交配，使优良性状结合于杂种个体中，通过培育、选择和繁殖、比较和鉴定，最终选育出新品种。

- 转基因技术是利用现代生物技术,将人们期望的目标基因,经过人工分离、重组后,导入并整合到生物体的基因组中,从而改善生物原有的性状或赋予其新的优良性状。
- 世界上最大的转基因种子研究和供应公司是美国的孟山都公司,创立于1901年。它可以让作物不结籽,或自己杀死胚芽,从而垄断转基因种子市场,全世界超过90%的转基因种子都是它的专利。

转基因的利和弊

转基因作物通过引入抗病毒、抗虫害等基因,能够提高产量,减少农药和化肥的使用,从而减少环境污染,降低对土地和水资源的压力,有利于农业可持续发展。

转基因作物也有可能演变为农田杂草,还有可能通过基因漂移影响其他物种,从而影响生物多样性,对生态平衡造成破坏。

总之,在推广转基因作物时,应该充分权衡其利弊,并确保消费者的知情权和选择权。

5. 飞上太空的种子

仰望星空的科学家，一直梦想能够实现"太空移民"，让人类居住在月球或其他星球上。要实现"太空移民"，一个绕不开的问题是：怎样才能在太空吃到新鲜的食物？如果靠运输食物来满足生存需要，时间和经济成本都太高。最理想的办法是在太空开辟农场，种植适应太空生长的粮食、蔬菜，为太空居民提供源源不断的食物。

从 20 世纪 70 年代开始，随着各式各样的宇宙空间站开始在星际轨道上运行，在太空中长期停留并建设太空中的农场，实现太空食物的自给自足，已逐步从梦想走向现实，而迈出最关键一步的正是"太空育种"。

没错,想在太空建农场,首先要考虑的就是"太空育种"。

太空育种是当今世界农业领域中最尖端的科学技术之一,就是利用太空特殊的、地面无法模拟的环境,使种子产生变异,再返回地面选育新种子,使作物能高产、早熟、抗病力强等。

科学家们一步步解决了太空育种面临的难题后,已经通过太空育种培育出了一批优良的新品种,如:太空水稻具有植株高、分蘖(niè)力强、穗型大、籽粒饱满等特点,并且能增产20%,蛋白质含量也增加8%～20%,氨基酸总含量提高53%;太空小麦则具有矮秆、早熟、抗倒伏、抗病害、蛋白质含量高等特点;太空青椒枝叶粗壮,维生素C含量可增加20%;太空黄瓜藤壮瓜多,瓜体奇大,单果重850～1100克;太空番茄比常规番茄增产15%以上;太空万寿菊的花期竟能延长6个月以上;太空大蒜能长到近半斤重……

不过,植物种子在太空不是百分之百会发生突变,据统计,一般种子突变率仅有0.05%～0.5%,一点变化都没有的种子大量存在。太空种子在发生突变中也不是总往好的方向发展,并非全都是抗病能力增强、高产和早熟等有益变异,也会出现一些不利于生产的劣性突变。因此,太空育种还有很长的路要走,毕竟太空是一种特殊的环境。

"偷懒"的人类 嘴里的盛宴

知识链接 中国太空育种成果

▶ 截至 2020 年 9 月,我国先后 30 多次利用返回式卫星、神舟飞船、天宫号空间实验室和其他返回式航天器搭载植物种子,在千余种植物中培育出 700 多个太空育种新品系、新品种,包括粮、棉、蔬菜、瓜果、牧草和花卉等。

▶ 2022 年 5 月 19 日,中国载人航天工程网公布的神舟十二号和神舟十三号载人飞船航天育种实验项目清单显示,中国空间站关键技术验证阶段的历次飞行任务中,都有航天育种实验项目,并通过神舟十二号和神舟十三号载人飞船返回舱带回了 88 家单位共计上千件(份)作物种子、微生物菌种等航天育种材料。

思维训练营

读完本书,你还知道哪些和嘴相关的发明创造?它们背后有哪些发明家和故事?了解一下,写下来。

作者简介

董淑亮

著名科普作家，中国科普作家协会会员，江苏省首席科技传播专家。出版《美人鲨》《科学小院士·童话里的科技馆》《语文课里的科学秘密》等图书130多部，共计1000多万字。代表作有《挂在太空的鸟巢》《董老师讲故事》《螺壳上的日历》《大树·小草·春天》等。作品获共青团精神文明建设"五个一工程"奖、福建省优秀科普作品奖、江苏省优秀科普作品奖、冰心儿童图书奖、上海好童书等，入选国家"十二五"重点图书规划项目、"全国中小学图书馆（室）推荐书目"等。